IMPRESSUM

Einbandgestaltung: r2 | Ravenstein, Verden
Titelbild: Jeanette Hutfluss, jh-tierfotografie.de

Bildnachweis
Renate Albrecht: S. 17, 19, 29, 35, 43, 68, 72; Kathrin Borchardt-Fuchs: S. 60, 79, 80, 82, Carla Cruz: S. 26 oben; Hermann Durch: S. 73; Helga Drogies: S. 4, 54, 57, 64; Angela Eggers: S. 27, 31, 65; Florian Erb: S. 94; Sascha Erbach@pixelio.de: S. 23; Claudia Feldbusch: S. 15; Martina Goslar@pixelio.de: S. 22 unten; Dagmar Grote: S. 6/7, 32, 56, 71, 84; Sabine Heinemann@pixelio.de: S. 83; Eckard Henning: S. 22 oben, 34, 69, 78; Jens@pixelio.de: S. 24; Petra Krivy: S. 61, 94; Angelika Lanzerath: S. 9, 41, 45, 47, 53, 74, 77, 91, 94; Christel Löffler: S. 74; Petra Lottmann: S. 44 oben, 76; Manuela Nöth: S. 10; Ulrike Ott: S. 18, 20, 30, 46, 55, 58, 90, 92; Kristina Peez: S. 8, 25, 37, 39 oben, 62, 66; Antje Rettig: S. 14, 48, 70, 89; Jens Roth@pixelio.de: S. 21; Madelaine Schmitz: S. 26 unten, 36, 59; Marcela Turek: S. 33, 38, 42, 44 unten, 49; Michel vom Berch@pixelio.de: S. 11; Melanie Vierhaus: S. 50, 51; Nicole Winkler: S. 16, 39 unten; Verena Winkler: S. 13; Jürgen Zöller: S. 40; 1587050@pixabay.de: S. 12; 538485@pixabay.de: S. 86; 869032@pixabay.de: S. 93

Alle Angaben in diesem Buch wurden nach bestem Wissen und Gewissen gemacht. Für einen eventuellen Missbrauch der Informationen in diesem Buch können weder die Autorinnen noch der Verlag oder die Vertreiber des Buches zur Verantwortung gezogen werden. Eine Haftung für Personen-, Sach- und Vermögensschäden ist ausgeschlossen.

ISBN 978-3-275-02103-1

Copyright © by Müller Rüschlikon Verlag
Postfach 103743, 70032 Stuttgart
Ein Unternehmen der Paul Pietsch Verlage GmbH & Co. KG
Lizenznehmer der Bucheli Verlags AG, Baarerstr. 43, CH-6304 Zug

1. Auflage 2017

Sie finden uns im Internet unter www.mueller-rueschlikon-verlag.de

Nachdruck, auch einzelner Teile, ist verboten. Das Urheberrecht und sämtliche weiteren Rechte sind dem Verlag vorbehalten. Übersetzung, Speicherung, Vervielfältigung und Verbreitung einschließlich Übernahme auf elektronische Datenträger wie DVD, CD-ROM usw. sowie Einspeicherung in elektronische Medien wie Internet usw. ist ohne vorherige Genehmigung des Verlages unzulässig und strafbar.

Lektorat: Claudia König
Innengestaltung: r2 | Ravenstein, Verden
Druck und Bindung: Graspo CZ, 76302 Zlin
Printed in Czech Republic

EINLEITUNG 8

WELCHE HUNDETYPEN NEIGEN ZUR STURHEIT, WELCHE NICHT? 10
Was Sturheit bedingen kann 11
Sture Hunde-»Teenies« 11
Typgebundene Sturheit 15
Welche Rolle Hormone spielen 18

»AUGEN AUF BEIM HUNDEKAUF« – BZW. BEI DER ÜBERNAHME 20
Welpen vom Züchter 21
Welpen aus dem Tierschutz 23
Welpen aus Arbeitslinien 25
Übernahme eines pubertierenden Hundes von privat 26
Junghunde aus dem Internet 28
Von attraktiven Beziehungen und sicheren Bindungen 30

WANN BEGINNT ERZIEHUNG? 32
»Will to please« versus »Ich mach mein Ding« im Alltag 34
Von interessanten Menschen und neugierigen Hunden 36
Erziehungstipps für den täglichen Gebrauch 37
Das Interesse am Menschen fördernde Übungen 38
    »Hund, achte auf mich, bei mir ist es spannend!« 38
    Kommunikation über Zeigegesten 40
    »Guck´mal« 40
    »Ich helfe Dir« 43
Nutzung von Hilfsmitteln 44
    Clicker 44
    Hundepfeife und Konditionierung darauf 45
    Knistertüte 45
    Schleppleine 47

HUNDEPLATZ – JA ODER NEIN? ... 48
Training bei Hundevereinen ... 49
Gewerblich geführte Hundeschulen ... 51
Einzelunterricht ... 52
Beschäftigung ... 53

VON »ZERMÜRBTEN ZWEIBEINER-SEELEN« MIT »STUREN VIERBEINER-KÖPFEN« ... 58
Sturköpfe und Territorialität ... 59
Vermitteln Sie dem Sturkopf, dass Besuch bei Ihnen herzlich willkommen ist ... 59
Das rollende Territorium ... 61
Lies Deinen Hund und übe vorausschauend! ... 62
»Freier Lauf für freie Geister« – nicht ganz ungefährlich ... 63
Fass mich nicht an! ... 67
Wer hat (mir) was zu sagen? ... 69
Vorsicht Manipulation ... 70
Frechheit siegt ... – bitte nicht ... 73
Bestechen/Belohnen ... 76
Grundsätzliche Tipps für die Erziehung von Sturköpfen ... 77
Fallbeispiel 1 ... 80
Fallbeispiel 2 ... 83
Fallbeispiel 3 ... 86

EPILOG ... 90
Danksagung ... 92
Quellen, Tipps ... 93

AUTORENPORTRÄTS ... 94

»Ich bin nicht stur, sondern meinungsstabil!«
(www.visualstatements.net)

Das Sturkopf-Erziehungsbuch

EINLEITUNG

Warum gibt es nun ein spezielles Buch für »dicke Köpfe«, »eigenwillige Sinne« und »sture Felle«? Gibt es solche Unterschiede überhaupt? Kann man nicht alle Hunde gleich behandeln und anleiten? Obgleich man sich mit Pauschalaussagen zu Themen rund um den Hund tunlichst zurückhalten sollte (und muss!): Auf die letzte Frage gibt es nur eine Antwort. Und diese lautet pauschal, kurz und knapp: »Nein!«
Haben Sie selber einen kleinen bis größeren Dickkopf auf vier Beinen im Haus? Dann wissen Sie bereits jetzt, wovon die Rede sein wird.

Haben Sie einen kooperativen, stets bereitwillig folgenden und um Anweisungen bettelnden Fellkumpel um sich? In diesem Fall könnte das Buch womöglich trotzdem eine kurzweilige und spannende Lektüre für Sie sein und Ihnen die Bandbreite der Möglichkeiten hundlichen Verhaltens aufzeigen. Aber vielleicht kennen Sie ja doch auch folgende oder ähnliche Szenarien (wenn nicht aus dem eigenen Mensch-Hund-Miteinander, dann vielleicht von dem des Nachbarn, von Freunden oder Bekannten, denen Sie gern unser Buch weiterempfehlen dürfen!):

Einleitung

Ihr Hund befindet sich in einiger Entfernung und gibt sich ausgiebig und intensiv seiner schnüffelnden Erkundungsarbeit hin. Sie warten, er soll ja erkunden dürfen. Sie warten immer noch, er schnüffelt weiter. Sie sprechen ihn an, keine Reaktion. Sie sprechen ihn deutlicher an, keine Reaktion. Sie werden leicht sauer, Sie erheben Ihre Stimme, erst recht keine Reaktion. Grummelnd gehen Sie hin, leinen Ihren Hund an und ziehen – keine Reaktion! Wie ein Karrengaul fühlen Sie sich, während Sie Ihren sich sträubenden Vierbeiner hinter sich herziehen. Immer dasselbe, wenn er gerade herumschnüffelt. Empfang geschlossen!

Oder auch:
Ihr Hund kennt die Grundkommandos »Sitz« und »Platz« durchaus, doch immer wieder kommt es zu Situationen, in denen auf Ihr Kommando keine Reaktion erfolgt, aber ein sehr eindeutiger Blick Sie trifft. Und dieser Blick sagt: »Und was machst Du, wenn ich es NICHT mache?« Tja, was machen Sie dann? Ziehen? Drücken? Aufgeben?

»Platz? Was ist das? Nie gelernt!«

Oder:
Beschäftigung! Man soll sich ja für den Hund Beschäftigungen suchen, die ihm Spaß machen und geistig wie körperlich fördern, sagen Medien, soziale Netzwerke und andere Hundehalter. Also suchen Sie nach tollen Freizeitaktivitäten. Sport ist immer gut, also versuchen Sie es dort. Hürden werden nicht übersprungen, sondern einfach umgelaufen, über die Brücke geht man genüsslich drüber, im Slalom sieht man keinen Sinn und im Tunnel legt man sich mittendrin ab, Sport macht müde und hier hat man seine Ruhe. Rufen, Locken, Futter hinhalten nutzt nichts, der Vierbeiner beendet hiermit seine athletische Laufbahn. Dann eben etwas Anderes suchen, vielleicht findet sich ja etwas ...

Es gibt noch viele Begebenheiten im Alltag, in denen sich manch ein Hundebesitzer die Frage stellt, ob einer der Vorfahren seines Fellkumpanen womöglich ein Esel war! Was Hund nicht will, will Hund eben nicht! Aber warum ist das so? Und, vor allem, was mache ich als Besitzer eines »Eselhundes«, und wie gehe ich mit seinem Sturkopf um? Noch einmal sei ausdrücklich darauf hingewiesen, dass auch wir Ihnen keine Pauschallösungen und schnellen Rezepte mit Geling-Garantie geben können und wollen. Sie wissen ja: Jeder Jeck ist anders verrückt! Aber vielleicht verschaffen Ihnen unsere Ausführungen, Erläuterungen und Tipps auf den folgenden Seiten etwas »Input«, um zu mehr Miteinander und Teamgeist zu finden. Sie schaffen das!

Welche **Hundetypen** neigen zur **Sturheit**, welche nicht?

Was Sturheit bedingen kann

Für Unwillen, sture Verweigerung, eigenwilliges Ignorieren gibt es die unterschiedlichsten Hintergründe – und die gilt es sauber zu unterscheiden:

Da gibt es die Vierbeiner, die ihren Menschen gern und überwiegend mit kompletter Ignoranz bis geflissentlicher Missachtung begegnen. Für dieses Verhalten sind häufig mangelnde, falsche, verhätschelnde oder aber auch zu harte Erziehungsmaßnahmen verantwortlich. Starrsinn und Stursinn basieren auf einer instabilen Beziehung, Mensch und Hund leben nebeneinander her, statt miteinander als Team durch den Alltag zu gehen. Meist wird das vom Menschen so aber weder gesehen, noch so bewertet oder umfassend und in der gesamten Reichweite registriert. Der »Prinz« oder die »Prinzessin« dürfen im Alltag alle erdenklichen Privilegien genießen, bekommen den Fellpo in jeder Situation hinterhergetragen, jegliches Fehlverhalten findet eine plausible Erklärung bis erklärende Ausrede, es soll dem Tierchen ja gut gehen, und es soll ihm an nichts fehlen. Ah, ja ...

Und es gibt die Fellkumpel, die als Welpen super kooperiert und vorbildlich auf ihren Menschen reagiert haben. Eine Freude des Miteinanders und eine hoffnungsvolle Basis. Doch dann kommt die Pubertät – und alles ist anders! Hier sind Hormone, Reifungsprozesse und Umbaumaßnahmen im Gehirn für manch ein »Ich kann nicht!«, »Ich will nicht!«, »Ich hör Dich nicht!« beim Hund verantwortlich. Auch unsere menschlichen Teenies weisen unter Umständen ein gehöriges Maß an Renitenz und Sturheit auf, die biochemischen Hintergründe sind vergleichbar. Da muss man durch – als Erziehungsberechtigter, als Teenie, als Hundebesitzer und als

Jeder Hundetyp ist anders, das zeigt sich häufig bereits im Welpenalter.

Hund. Mit Geduld, mit Verständnis, aber auch mit konsequenter Vorgehensweise bei aller Nachsicht für die Pubertät. Und die Waagschale zwischen Konsequenz und Nachsicht ruhig ausgewogen zu halten, ist nicht immer ganz einfach.

Sture Hunde-»Teenies«

Der Übergang vom Welpen zum Jungspund wird von verschiedenen Umständen beeinflusst, auch von der späteren Körpergröße, die im Erwachsenenalter erreicht wird. Großwüchsige Vierbeiner sind wesentlich später im Junghundestadium als kleinwüchsige. So ist es durchaus möglich, dass ein Bernhardiner, Leonberger, Neufundländer o.ä. von 5 Monaten noch überwiegend Verhaltensweisen eines Welpen zeigt, sein mit ihm tobender Dackelkumpel aber schon die hormonellen Höhen und Tiefen eines Junghundes durchlebt. Gerade bei den großwüchsigen Rassen gibt es viele sogenannte Spätentwickler, d. h., dass ihre gesamte

Reifungszeit deutlich verlangsamt und in die Länge gezogen ist. So eben auch die Pubertät, was in der Folge eine recht lange Zeitspanne gefüllt mit paradoxen Verhaltensweisen, Hyperaktivität und Impulsivität, Sturheit, Unsicherheit und Verweigerung und einigem mehr bedeuten kann (nicht muss!). Nicht nur ein Menschenkind vermag seine Eltern in tiefe Ratlosigkeit und trübe Gemütszustände zu stürzen, auch ein Hundebesitzer gelangt leicht an den Rand von Verzweiflung und Wahnsinn. Wer jetzt zustimmend nickt und sich in seiner augenblicklichen Situation gespiegelt sieht, dem empfehlen wir gern unser Buch »Mein Hund im Flegelalter«, welches sicherlich die ein oder andere Frage zu beantworten hilft.

Die Pubertät verändert vieles, nicht nur im äußeren Erscheinungsbild, sondern auch und gerade in der Psyche. Je nach Rasse/Typ kann diese Lebensphase durchaus mehrere Jahre andauern. Das gesamte Gehirn gleicht einer Art Baustelle; man könnte sagen, dass aus der Kinderstube von einst nun ein Jugendzimmer gebaut wird, in welchem aber auch bereits etliche Elemente einer für Erwachsene angenehmen Wohnlandschaft angelegt werden müssen. Das geschieht allerdings alles nicht mit gleicher Geschwindigkeit. Manche Bauteile müssen auch selbst erst richtig hergestellt und angepasst werden, bevor sie sich in das Gesamtgefüge einreihen können. Um im Baustellenbild zu bleiben: Hier hängen noch nicht vollständig

Der Basenji gilt als älteste Hunderasse der Welt und gehört zu den »Hunden des Urtyps«. Ihm wird eine große Selbständigkeit und weitestgehende Unabhängigkeit vom Menschen nachgesagt.

entfernte Tapeten von der Wand, dort ist bereits eine Decke neu gestrichen, Eimer stehen im Weg und direkte Zugänge sind verbaut. Alles in allem ein Chaos!

Veränderte Konzentrationen von diversen Hormonen führen zu einem brisanten »Cocktail« im Gehirn. Die Sexualhormone, auch einige Stresshormone sowie das Schilddrüsenhormon steigen an, sind aber alle insgesamt noch unausgewogen und instabil. Bestehende neuronale Verbindungen werden gelöst, Zellen und Verknüpfungen werden abgebaut und später durch andere, schnellere und leistungsfähigere Verbindungsstrecken ersetzt. Nur diejenigen Verbindungen, die immer wieder genutzt werden, bleiben bestehen. Durch den Ausbau der Nervenfasern erhöhen sich die Denkfähigkeit und die -geschwindigkeit. Doch auch das baut sich nicht linear, sondern in verschiedenen Abschnitten auf. »Alle unsere Verhaltensweisen, die über Reflexe hinausgehen, hängen (...) mit der Hirnstruktur zusammen, also mit der Organisation verschiedener Regionen des Gehirns, und den Prozessen, die darin ablaufen. Diese Struktur steckt auch den Rahmen ab, in dem sich (...) Persönlichkeit, (...) Charakter (...) und damit (...) Verhalten im sozialen Umfeld entwickeln.« (Markus C. Schulte von Drach, 2. Januar 2014, Süddeutsche.de – Wissen).

Jeder, der mit pubertierenden Teenagern zu tun hat, kann seine eigenen Erfahrungen zur Problematik dieses Lebensabschnittes beitragen. Eine anstrengende, nervenaufreibende Zeitspanne für alle Beteiligten. Ohne den Hund vermenschlichen zu wollen, so zeigen sich dennoch deutlich und eindeutig vergleichsweise Auswirkungen und Parallelen der Pubertät bei Menschenkindern und bei jungen Hunden! Probleme mit Halbstarkengebaren, Imponiergehabe, emotionaler Labilität und zickigen Aussetzern begegnen wir beim Vierbeiner ebenso wie partieller Schwerhörigkeit, die sich in Ungehorsam widerspiegelt. »Ähnlich wie bei pubertierenden Jugendlichen, kommen zu diesen Schwankungen des Statusverhaltens und zu der erhöhten Bereitschaft, Beziehungen in Frage zu stellen, noch einige andere Randerscheinungen des Verhaltens dazu. So wird durch eine Veränderung der Reaktionsfähigkeit verschiedener Teile des emotionalen Gehirns die Risikobereitschaft in der Pubertät erhöht. Biologisch gesehen hat dies auch Sinn, denn nur, wer risikobereit ist, wird beispielsweise auch die bekannte Umgebung der Familie und des Reviers verlassen und sich in die unbekannte und möglicherweise gefährliche ferne Fremde wagen. Wer aber mit erhöhter Risikobereitschaft ausgestattet ist, wird auch Auseinandersetzungen heftiger führen, ohne Rücksicht auf Verletzungen oder andere Gefahren. Zudem sind durch die Umkonstruktionen des Gehirns während der Pubertät Lern- und Merkvorgänge erschwert, der Zugriff auf bereits gelerntes Wissen ist ebenso erschwert und die Konzentration nimmt ab. Auch soziales Lernen ist sicherlich von diesen Erscheinungen mit betroffen. Und das bedeutet, dass zwar einerseits in dieser Zeit soziale Regeln und Grenzen besonders wichtig sind, wenn sie aber nicht sofort kapiert werden, es eben nicht immer Aufsässigkeit und Aufmüpfigkeit oder ´Dominanzstreben´ ist. Weil aber die neuen Verknüpfungen oft erst aufgebaut werden, nachdem die alten gelockert sind, ist buchstäblich eine lange Leitung, ein verzögertes Verständnis, ein gestörtes Erinnerungsvermögen und anderes Verhalten in dieser Zeit zu erwarten und auch nachweisbar.« (Gansloßer/Krivy, 2011)

Liegt der Beginn dieser »Bauphase Pubertät« bei allen Hunden noch einigermaßen gleich um das

Ende des vierten Lebensmonats herum, so kann sich die Fertigstellung, wenn wir bei dem Bild der Baustelle bleiben mögen, bei großwüchsigen Spätentwicklern durchaus bis ins dritte Lebensjahr oder noch länger hinziehen. »Eine Faustregel könnte vielleicht sein, dass ein Hund, egal welchen Geschlechts, erst dann einigermaßen aus dem Gröbsten heraus ist, wenn bei Hündinnen dieser Rasse die dritte Läufigkeit mit anschließender Scheinschwangerschaft und Scheinmutterschaft zu Ende ist. Rüden und Hündinnen entwickeln sich nämlich geistig und verhaltensbiologisch durchaus in ähnlicher Geschwindigkeit.« (Gansloßer/Krivy, 2011)

Da in der frühen Jugend häufig über eine Kastration des Familienhundes nachgedacht bzw. diese bis heute noch manchmal recht leichtfertig von Tierärzten empfohlen wird, kann man sich vorstellen, wie ungünstig sich diese zu diesem Zeitpunkt auf den Jungspund auswirken muss! Ein Leben lang »Chaos im Kopf«, denn durch die Kastration wird die Weiterentwicklung des Gehirns negativ beeinflusst bis verhindert! Ein wesentlicher Grund, solche Überlegungen gleich wieder zu vergessen, zumal Sturheit, Dickköpfigkeit und Eigensinn sich nicht einfach amputieren lassen!
»Die Metamorphose vom Kind zum Erwachsenen folgt (...) einer Art Programm, bei dem massive Umbauprozesse im Gehirn stattfinden. In dieser Zeit arbeitet das Gehirn (...) nicht »normal«.« (Markus C. Schulte von Drach, 2. Januar 2014, Süddeutsche.de – Wissen) Drach spricht von einem »geistigen Ausnahmezustand«. In diesem können sich auch unsere vierbeinigen Pubertierenden befinden!

Typgebundene Sturheit

Aber es gibt auch die Hundetypen (und es soll speziell nicht nur von Rassen gesprochen werden, auch wenn manche Rassen disponiert sind für Sturheit und Eigensinn!), die es ihren Besitzern manchmal doch etwas schwieriger machen als andere. Kurz: Sie bringen ihren Menschen zur Verzweiflung und treiben ihn schier in den Wahnsinn. Prädestiniert für Eigensinn und Sturheit sind Hundetypen, deren ursprüngliche Nutzungsverwendung auf eigenständiges Arbeiten, schnelles und eigenmächtiges Handeln und autarkes Leben ausgerichtet war. Das trifft z. B. für die Herdenschutzhundetypen zu. Aber auch viele Jagdhundtypen, speziell die solitär arbeitenden, in Masse und Kraft dem Beutetier eigentlich unterlegenen, zeigen häufig nicht nur Größenwahn und Risikobereitschaft, sondern auch sture Beharrlichkeit und Eigensinn. Hierzu gehören viele Terrier, aber auch Hunde wie Weimaraner, Dachshunde und Drahthaar sowie viele nordische und eurasische Jagdhundvertreter.

Do Khyi, auch Tibet Dogge oder Tibet Mastiff genannt.

Weiter finden sich im Bereich der Wachhundrassen, hier sind vor allem die des molossoiden Typs gemeint, und bei den als Molosser bezeichneten Rassen mehr oder weniger ausgeprägte Sturköpfe. Manche dieser Hundetypen wurden in der Antike für Hundekämpfe ge(miss)braucht, wurden dann später zu imposanten Wachhunden oder durch entsprechende »Zuchtveredelungen« zu Jagdbegleitern. Manche Rassestandards geben Anhaltspunkte für zu erwartende Eigensinnigkeit, jedoch findet man es selten so ehrlich und klar wie beim Chow-Chow: »Ein ruhiger Hund, sehr wachsam. Eigenwillig, treu, jedoch zurückhaltend.« (FCI-Standard Nr. 205) Die Rassebeschreibung des ACC e.V. verzichtet ebenfalls auf mythenhafte Glorifizierungen und informiert sachlich und korrekt: »Der Chow-Chow gehört einer sehr alten Hunderasse an. Er hat ein ausgeprägtes Selbstbewusstsein, ist eigenwillig und freiheitsliebend, Dritten gegenüber reserviert bis ablehnend. Seinem Menschen ist er zugetan, ohne sklavische Ergebenheit. Der Chow braucht eine liebevolle, aber konsequente Erziehung. Abrichten im landläufigen Sinne lässt er sich nicht.«

Einige wenige Beispiele aus FCI-Standards, die versteckt interessante Hinweise auf vermeintliche Eigensinnigkeit und Neigung zu selbstständigem Handeln geben:

»Der Bullmastiff ist intelligent und aufmerksam; er ist körperlich und geistig absolut zuverlässig und kann Situationen sehr schnell beurteilen. Sein Mut, seine Courage und Verteidigung von Eindringlingen ist legendär.« (FCI-Standard Nr. 157) Wer Situationen schnell beurteilt, wird auch schnell mit entsprechenden Verhaltensweisen reagieren – und nicht vorher seinen Besitzer um dessen Meinung bitten.

Verhalten und Wesen des Do Khyi wird wie folgt beschrieben: »Unabhängig, mit Schutzinstinkt. Respekt einflößend. Höchst ausgeprägte Treue seiner Familie und seinem Territorium gegenüber.« (FCI-Standard Nr. 230) Unabhängigkeit bedingt immer ein gewisses Maß an Eigensinn und Neigung zu selbständigem Handeln, auch bei uns Menschen.

Bei der Bordeaux Dogge heißt es: »Als ehemaliger Kampfhund eignet sie sich für Bewachungsaufgaben, die sie mit Aufmerksamkeit und großem Mut, aber ohne Aggressivität erfüllt. Der Rüde hat normalerweise ein dominantes Wesen.«

(FCI-Standard Nr. 116) Hier sollte vielleicht der Standard aktualisiert werden, denn dass Dominanz keine Eigenschaft ist, sondern die Beziehung zwischen mindestens zwei Individuen beschreibt, sollte 2017 landläufig bekannt sein.

Und eines darf nie vergessen werden: Es gibt immer auch individuelle Sturköpfe! Selbst in Rassen oder Rassemixen, die eigentlich mit dem sogenannten »will to please«, also mit der Kooperationsbereitschaft und dem Wunsch zum Gefallen, ausgestattet sind!

Welche Rolle Hormone spielen

Grundsätzlich lässt sich mutmaßen, dass eher dickfellige, sturere, ruhigere Typen WENIGER, aktive, kooperationsbereitere und zur Hektik neigende Hunde MEHR Dopamin produzieren. Für Herdenschutzhunde und nordische Hundetypen ist das im Vergleich zu Hütehunden, Malinois und Kleinterriern auch wissenschaftlich belegt.

Dopamin ist, wie z. B. auch Serotonin, ein Neurotransmitter, ein Botenstoff. Botenstoffe

Wenig Dopamin, wenig Aktivität – bei Herdenschutzhunden und nordischen Rassen wurde der Zusammenhang belegt.

sorgen für die Kommunikation zwischen den grauen Zellen. Dopamin und Serotonin sind wohl am bekanntesten und gelten als »Glückshormone«. Ganz vereinfacht gesagt, sorgen Botenstoffe in Kooperation mit weiteren biochemischen Substanzen und speziell auf ihren jeweiligen Wirkmechanismus ausgerichteten Organismen für die Reizverarbeitungen und wirken antreibend/erregend oder hemmend. Jeder Botenstoff bedient sich eigener neuronaler Netzwerke.

Das Stimmungen auslösende und beeinflussende Serotonin ist nicht nur im ZNS ansässig, sondern auch in anderen Körperregionen, z. B. dem Magen-Darm-Trakt. Als Botenstoff im Gehirn wirkt es auf das Schmerzempfinden, auf den Schlaf-/Wachrhythmus und auf psychische Vorgänge. Studien haben belegt: »Ist Serotonin im Gehirn im Übermaß vorhanden, können Unruhe und Halluzination entstehen. Serotoninmangel kann zu depressiven Verstimmungen, Angst und Aggression führen.« (Ulrich Pontes, Neurotransmitter – Botenmoleküle im Gehirn, www.dasgehirn, 2012) Nur am Rande sei erwähnt, dass Kohlenhydrate und kohlenhydratreiche Ernährung die Verfügbarkeit von Serotonin im Gehirn erhöhen und somit Ängsten und depressiven Verstimmungen vorgebeugt werden kann. Nudeln machen eben doch glücklich, übrigens durchaus auch Hunde. Vorsicht, das war ein Scherz, denn ganz so einfach ist es dann – leider! – doch nicht ...

Kuschelnd ruhen und ruhend kuscheln – das sind auch Aktivitäten!

Dopamin entsteht aus der Aminosäure Tyrosin (wie auch Noradrenalin und Adrenalin). Es hat eine eigenständige Bedeutung für das ZNS, wobei zwei Auswirkungen besondere Bedeutung zugemessen wird. Das ist einerseits die Steuerung willkürlicher Bewegungen und andererseits die Auswirkung auf den inneren Antrieb, die Motivation. Dopamin gilt als körpereigenes Belohnungssystem, »das bei Tier wie Mensch überlebensdienliche Verhaltensweisen verstärkt«. (Ulrich Pontes, Neurotransmitter – Botenmoleküle im Gehirn, www.dasgehirn, 2012)

Das Sturkopf-Erziehungsbuch

»Augen auf beim Hundekauf« –
bzw. bei der Übernahme

Welpen vom Züchter

Voll Vorfreude auf das neue Hundekind wird häufig im Internet nach Angeboten gesucht. Man hat sich für eine bestimmte Rasse entschieden, und in vielen Fällen lässt man sich nun von den aufgeführten Ausstellungserfolgen beeindrucken. Internationale und andere Championtitel werden dort aufgelistet, die Elterntiere sind von höchstem Adel. Der Züchter hat schon mehrere Male in kurzer Zeit durchs Alphabet gezüchtet, schließlich hat er mehr als eine oder zwei Zuchthündinnen. Und in seinem Heim ist alles auf Welpenaufzucht ausgerichtet – von gefließten Wänden bis fest umzäunten Welpenausläufen und separaten Häuschen und Arealen für die diversen »Hundefamilien«. Bei jemandem, der so erfolgreich ist, kann man doch sicher einen Welpen kaufen! Die Hunde haben natürlich Papiere (nur welche und ob anerkannt oder nicht, das ist eine andere Frage), sie sind geimpft (nur wie und von wem und wie zuverlässig diese Angabe ist, sei nicht weiter diskutiert) und gechippt und mehrfach entwurmt (wird zumindest behauptet). Also ist wohl alles in Ordnung ...?!

Nicht nur für Sturköpfe sind die ersten Lebenswochen besonders wichtig. Züchter tragen eine große Verantwortung. Und das von den ersten Überlegungen zur angedachten Verpaarung, der Entscheidung für den Partner bis zur Auswahl der zukünftigen Hundeeltern und der Übergabe in deren fortan Sorge tragenden Welpenkäuferhände. Wir können nur warnen und abraten, bei einem »Züchter« zu kaufen, der mehrere Würfe gleichzeitig betreut, vielleicht noch aus diversen unterschiedlichen Rassen (weil Kleine ja so wenig Mühe machen und deshalb problemlos parallel zu Großen gezüchtet werden können! Aber Arbeit machen alle und das Sozialisieren geschieht auch nicht über das Futter oder Wassertrinken!).

Wer wie wir schon einmal Welpen großgezogen hat oder bei einem gewissenhaften Züchter die Welpenaufzucht miterleben konnte, der weiß, wie aufwändig es ist, den Kleinen gerecht zu werden. Und hier ist nicht nur das Sauberhalten und Füttern gemeint, sondern das Heranführen an den Alltag. Schon früh sollten die Welpen, ihrem Alter und ihrer Entwicklungsstufe angepasst, Umweltreize kennenlernen. Dazu gehören Geräusche und Gerüche, Besucher mit (erzogenen und ruhigen!) Kindern und später vielleicht auch kleinere, angepasste Ausflüge in die Natur und Umwelt, je nach Züchterumfeld. Ein so auf das Leben vorbereiteter Vierbeiner ist mit einem guten Nervenkostüm ausgestattet und findet sich in unserem doch sehr stressreichen Alltag gut zurecht.

Bei Besuchen des Züchters kann die Mutterhündin kennengelernt werden. Das ist ein absolutes

Muss, und ein Welpeninteressent sollte sich hier auch nicht mit fadenscheinigen Ausreden abspeisen lassen, die erklären, warum die Mutter nicht zu sehen wäre! Der Vater der Welpen ist nicht grundsätzlich auch im Züchterhaushalt, manchmal lebt er weit entfernt.

Wie ist die Mama drauf? Verhält sie sich freundlich oder wenigstens neutral? Ist sie aggressiv und muss weggesperrt werden? Wenn das so sein sollte, kaufen Sie dort besser keinen Welpen. Die Kleinen bekommen nämlich mit, dass ihre Mutter nicht gut auf Menschen zu sprechen ist. Eine schlechte Voraussetzung dafür, Zweibeinern positiv zu begegnen. Natürlich reagiert eine Mutterhündin in den ersten Tagen bis Wochen unter Umständen skeptisch und verteidigungsbereit, wenn Fremde ihren Kindern zu nahe kommen, das ist hiermit natürlich nicht gemeint. Letztlich sollte der Züchter die sichere Basis für alle Anwesenden bilden und für eine entspannte Atmosphäre sorgen.

Gewissenhafte Züchter bereiten ihre Welpen auf alle möglichen Dinge des alltäglichen Lebens vor und schaffen eine gute Basis.

Entspannte Mütter haben (meist) entspannte Kinder.

Auch eine weitere Anfahrt darf kein Hindernis sein, um einen guten Züchter des Wunschwelpen zu finden. Und es ist auch kein Fehler, sich mehrere Züchter der entsprechenden Rasse anzuschauen und sich einen Überblick zu verschaffen. Diese Mühe lohnt sich, schließlich möchte man mit dem neuen Familienmitglied lange Jahre zufrieden zusammenleben. Und die Akribie, mit der man eine Waschmaschine oder ein neues Auto auswählt, sollte wirklich das Minimum bei der Suche nach einem vierbeinigen Familienzuwachs darstellen!

Die persönliche Betreuung durch den Züchter ist enorm wichtig. Dieser wird seine Welpeninteressenten persönlich kennenlernen wollen, um ausführliche Fragen zu stellen. Ihn interessiert nämlich, ob sein Welpe zu gerade diesen Menschen und in deren Umfeld passt oder nicht. Er berät in allen Fragen der Haltung und Erziehung, weil er möchte, dass es seiner Nachzucht gut geht und die neue Familie glücklich mit dem Hundekind ist. Und dass beide miteinander klarkommen, wenn unruhige Zeiten auftauchen, und auch wieder zueinanderfinden, wenn Sturheit und Eigensinn doch einmal Distanzen schaffen. Lassen Sie sich auf keinen Fall unter Druck setzen. Sollte der Züchter dies versuchen (»Sie müssen sich sofort entscheiden, denn es sind noch andere Interessenten da!«), wissen Sie, dass es ihm nicht um das Wohl seiner Nachzucht geht, sondern um den schnellen Euro!

Welpen aus dem Tierschutz

In den deutschen Tierheimen finden immer wieder Welpen Aufnahme, die dort nach den gegebenen Möglichkeiten liebevoll versorgt werden. Durch das Spiel und den Kontakt mit den Mitarbeitern wird versucht, den Kleinen einen guten Start ins Leben zu ermöglichen. Stammen diese Vierbeiner aus Beschlagnahmungen illegaler Importe, so lässt die Vorgeschichte schon Vermutungen zu mehr oder weniger ausgeprägten Deprivationserscheinungen zu. Die Welpen wurden eventuell viel zu früh von Mutter und Geschwistern getrennt. Es ist davon auszugehen, dass sie vieles nicht erfahren haben, was zur Alltagsbewältigung notwendig ist. Mit viel Geduld, Vertrauensaufbau und Erziehung kann noch etwas erreicht werden, aber man sollte damit rechnen, dass

Defizite bleiben. Auch Welpen von eingefangenen Hündinnen, die dann im Tierheim geboren wurden, tragen eine Geschichte in sich, die sich durch Auswirkungen der massiven Stressbelastung der Mutterhündin und auch epigenetischer Folgen negativ auswirken kann.

Die Möglichkeit, sich das Verhalten der Mutterhündin in vertrauter, ruhiger Umgebung anzuschauen, besteht bei Tierschutzwelpen so gut wie nie. Selbst wenn die Mutter zugegen ist, ist sie meist gestresst und in einem Ausnahmezustand, fernab von ihrem Normalverhalten.

Manchmal gibt es auch reinrassige Welpen im Tierheim.

Leider wird diese enorme Stressbelastung, das massiv aktivierte Cortisolsystem, über Muttermilch und Verhaltensdemonstration auch an die Welpen weitergegeben. Weder die Größe, noch die Persönlichkeit, lassen sich bei den niedlichen Tierschutzwelpen konkret abschätzen. Man weiß als Interessent nicht, was da so »auf einen zukommt«, und muss deshalb Willens sein, sich auf ein Abenteuer einzulassen. Für Erwachsene und Singles durchaus eine spannende Option, für Familien mit Kindern, vor allem mit noch kleinen, kann das unbefriedigend bis gefährlich verlaufen (und wieder: KANN, nicht MUSS!).

Wir wollen auf keinen Fall davon abraten, einen Welpen aus dem Tierheim zu holen. Bitte nicht falsch verstehen! Es soll nur zur gründlichen Überlegung angeregt und an den Verstand appelliert werden, denn wenn es um niedliche Welpen geht, setzt das Herz zu oft zu schnell alles außer Kraft. Doch wenn es dann im weiteren Verlauf im Alltag nicht klappt, ist es wiederum der nun herangewachsene und nicht mehr nur niedliche Vierbeiner, der die Zeche unüberlegter Schnellschusshandlungen zu bezahlen hat. Zu oft werden solche Hunde zum »Wanderpokal« und landen immer wieder im Tierheim, Prognose zunehmend schlecht.

Tierschutzwelpen sind reinste Wundertüten. Oder, um mit Forrest Gump zu sprechen, wie eine Schachtel Pralinen.

Warnen müssen wir aus vergleichbaren Gründen auch vor Angeboten aus dem Internet. Hier arbeitet die Hundemafia mit unterschiedlichsten Tricks. Neu ist, dass sie Welpen in Familien geben, die dann ihrerseits eine Anzeige schalten. So erweckt es den Anschein, als wäre der Welpe oder auch Junghund dort in dieser Familie liebevoll betreut worden und als handele es sich hier um eine private Vermittlung. In Wahrheit aber sind es illegale Importe und die »Familien« bekommen für ihr Handeln Geld!

Zwei, die sich verstehen und vertrauen.

Welpen aus Arbeitslinien

Auf in den wohlverdienten Urlaub nach Spanien, Portugal, Italien oder Griechenland! Beim Durchstreifen der wunderschönen Landschaft kann es durchaus vorkommen, dass man Schäfer mit ihren Herden trifft. Begleitet werden sie von Hüte- und Herdenschutzhunden. Nein, wie schön! Und da, wie niedlich, Welpen sind auch noch dabei. Aber die Ärmsten leben ja im Stall eingesperrt. Und sauber sind sie auch nicht. Bestimmt haben sie auch keine regelmäßigen Mahlzeiten, viel zu wenig Spielzeug, keiner kuschelt mit ihnen, und für die Zukunft sieht ihr Leben ja auch wirklich trist und eintönig aus! Hier muss »gerettet« werden! Wenigstens einem dieser süßen Knuddelbärchen muss ein wirklich schönes Zuhause geboten werden! Mit Nappalederhundebett, Keramiknapf, Neoprenhalsband und ganz viel Beschäftigungsangeboten im Alltag! Mit dem Schäfer wird man sich schnell einig. Auch wenn der Preis für den kleinen Vierbeiner recht hoch erscheint, zahlt man bereitwillig, um den Welpen aus diesen unzumutbaren Lebensumständen herausholen zu können. Für den Schäfer sind solche Touristenverkäufe übrigens ein sehr gutes Zubrot.

Ein Welpe, der auf Nutzvieh sozialisiert und geprägt wurde, außer dem Schäfer und eventuell dessen Familienmitgliedern nichts, aber auch rein gar nichts kennengelernt hat, kommt nun in den stressenden Alltag unserer Lebensgewohnheiten. Er zeigt sich verängstigt, unsicher und aus völliger Überforderung manchmal auch durchaus aggressiv. Merkwürdigerweise wird dieses Verhalten dann nicht der fehlenden Prägung und Sozialisierung zugeordnet, sondern z. B. als »Wesensmerkmal« der Herdenschutzhunde entschuldigt, z. B. mit »Der passt eben schon auf!«

Wir haben leider immer häufiger enttäuschte Hundehalter im Training und in der Beratung, die solche Hunde »gerettet« haben und dann vor großen Problemen stehen. Nein, Hunde sind nicht im menschlichen Sinne dankbar! Gerade Sturschädel haben die Veranlagung, bei fehlendem Management durch ihre Besitzer ihr Leben selber in die Pfote zu nehmen. Fast alle Rassehunde wurden früher für spezielle Aufgaben gezüchtet, wie bereits in Bezug auf die typgebundene

Hunde aus Arbeitslinien verrichten wertvolle Arbeit. Ihre Welpen durchleben eine dazu passende Sozialisation, die aber nicht gleichzeitig auf ein Leben als Familienhund in unserer Umwelt vorbereitet.

Sturheit (S. 15) angesprochen. Bei den Jagdhundetypen z. B. gibt es die Spezialisten Stöber-, Apportier- und Fährtenhunde. Die Aufgaben bei den Hirten teilten sich Hüte-, Treib- und Herdenschutzhunde. Ist es die Aufgabe des Hundes, mit dem Menschen zu kooperieren, so wurde züchterisch selektiv der »will to please« gefestigt. Herdenschutzhunde aber mussten weitestgehend die Bewachung der Herden selbstständig und ohne menschliche Einwirkung und Hilfe leisten. Daraus resultiert weniger Interesse an der Zusammenarbeit mit den Zweibeinern, was ihnen den Ruf »stur« zu sein eingebracht hat.

Übernahme eines pubertierenden Hundes von privat

Es kann immer einmal Lebenssituationen geben, in denen man sich von seinem geliebten Hund trennen muss. Der empörte Aufschrei: »Es gibt immer eine Lösung, den Hund zu behalten!«, ist sehr blauäugig. Allergien (die gibt es wirklich), Krankheiten, Trennungen und Tod, all das kann dazu führen, dass der Hund nicht mehr zu seinem Recht kommt. Gerade dann ist es ein Zeichen von echter Tierliebe, wenn man dem Vierbeiner einen guten Platz sucht, damit er wieder ein hundegerechtes Leben führen kann. Muss die Abgabe im Jundhundealter passieren, ist das leider ein sehr ungünstiger Zeitpunkt. In unserem Buch »Mein Hund im Flegelalter«, aber auch hier ab Seite 11, haben wir die hormonellen Vorgänge geschildert, um Verständnis für das Verhalten eines Hundes in der Pubertät zu

Die Pubertät bringt häufig Grund zum Kopfschütteln.

»Augen auf beim Hundekauf« – bzw. bei der Übernahme

Man sollte schon wissen, was/wen man sich mit einem Hund »ans Bein bindet«. Wer nur eitel Sonnenschein ohne Wind, Regen- und Schattenzeiten möchte, der bleibt besser beim Stoffhund.

vermitteln. Man kann sich leicht vorstellen, dass in dieser Phase ein Umgebungswechsel mit völlig neuen Bezugspersonen eine starke, zusätzliche Verunsicherung mit sich bringt.

Haben Fellnasen, die in dieser Zeit abgegeben werden müssen, ein gutes und behütetes Leben gehabt, so ist es noch einmal eine andere Situation als bei denen, die im Tierheim sitzen oder als pubertierende Hunde vom Tierschutz (oder woher auch immer) importiert wurden. Gerade Junghunde sind im Tierheim einem enormen Stress ausgesetzt. Sie haben keine festen

Bezugspersonen, die ihnen Schutz und Sicherheit geben können. Sie sind körperlich und geistig permanent unterfordert, was leider wiederum zu unangepassten Verhaltensweisen führen kann. Und wieder der Hinweis auf KANN, also nicht zwingend so sein muss.

Der aufgeschlossene, extrovertierte Hund mit vorhandenem »will to please« verkraftet diese Situation oft erstaunlich gut. Grade so, als wolle er sagen: »Sag mir, was ich tun soll! Und wenn Du sagst, ich soll glücklich sein, dann bin ich glücklich!« Aber unsere Sensibelchen, die die

Sturschädel andererseits oft (nicht immer!) sind, ziehen sich eher zurück, wirken völlig entwurzelt und verunsichert, sind verstört und zeigen dann unter Umständen auch Aggressionsverhalten. In diesem Alter testen die Vierbeiner gerne aus, wo ihre Grenzen sind. Bei Sturköpfen ist es aber nicht mit einer einmaligen Korrektur getan, sondern konsequent ist es immer und immer wieder nötig. So als wollten sie nachfragen: »Gestern durfte ich das nicht, gilt das für heute auch noch?«

Gute Nerven und eine gehörige Portion Humor sind notwendige Ausrüstungsutensilien für zweibeinige »Adoptiveltern«. Auch muss damit gerechnet werden, dass das neue Familienmitglied die eine oder andere »Macke« zeigt, die im ungünstigsten Falle nicht zu beheben ist und mit der man zu leben lernen muss.

Gerade für Tierheimwelpen und Junghunde ist es besonders wichtig, dass sie schnell in eine neue Familie kommen. Aber es muss auch gut überlegt werden, ob man bereit ist und sich gewachsen fühlt, sich dieser Aufgabe zu stellen.

Junghunde aus dem Internet

»Schweren Herzens abzugeben« liest man im Internet und es folgen rührselige Geschichten. Bitte Vorsicht! Wie schon gesagt, kann es durchaus dazu kommen, dass ein Hund abgegeben werden muss. Aber gerade im Alter zwischen einem und zweieinhalb Jahren sind Beißvorfälle ein häufiger Abgabegrund oder die völlige Überforderung in Punkto Erziehung. Man hatte sich ja alles so einfach vorgestellt! Erinnern Sie sich, dass Sturkopfhunde, wenn es nicht anders möglich ist, ihr Leben selber gestalten. Was dann leider häufiger dazu führt, dass sie sich von ihren Menschen nichts mehr sagen lassen wollen und das auch sehr ernsthaft mit den Zähnen durchzusetzen versuchen. Gern wird das von den Zweibeinern schöngeredet: »War kein richtiges Beißen! Der hat ja nur ein bisschen gepitscht!« Oder der Umstand wird als Abgabegrund gleich ganz verschwiegen. Ab ins Internet als kostenlose Kleineinzeige oder in einschlägige Foren unter: Zuhause gesucht!

Um zu sehen, ob der angebotene Hund auch wirklich in der Familie gelebt hat, lassen Sie sich Fotos zeigen, die jeder Hundehalter hat. Versuchen Sie durch viele Fragen herauszufinden, in welcher Situation der Vierbeiner vielleicht doch problematische Verhaltensweisen gezeigt hat. Sie übernehmen eine Persönlichkeit mit Ecken und Kanten, die in die »gewünschten Bahnen« zu lenken schwieriger ist, als es der Umgang mit einem Welpen wäre. Und bei Sturköpfen noch mehr!

Wenn es in einem Haushalt zu einem Beißvorfall gekommen ist (und das kann in der Pubertät durchaus passieren), so sind auch wir gegebenenfalls (nicht pauschal, aber hin und wieder!) dafür, dass sich Zwei- und Vierbeiner trennen. Aus Sorge, es könnte wieder etwas passieren, ist die Stimmung im Hause angespannt, das Miteinander getrübt und belastet. Die Betroffenen haben Angst und das Vertrauen zum Hundekumpel verloren. Keine gute Basis für eine Umerziehung! Hier ist die Abgabe an den zuständigen Tierschutzverein oft der einzig sinnvolle Weg – für alle Beteiligten. In einem solchen Fall ist es ein großes Glück, Menschen zu finden, die »Sturschädelerfahrung« haben, und dem Vierbeiner eine neue Richtung weisen können.

»Augen auf beim Hundekauf« – bzw. bei der Übernahme

Manchmal gibt es Schicksalsschläge, die eine sozial verbundene Gruppe auseinanderreißt.

Von attraktiven Beziehungen und sicheren Bindungen

Überlegen wir, was Attraktivität bedeutet und nehmen wir die Definition von Gansloßer dabei zur Hilfe: »Attraktivität (beschreibt) alle Eigenschaften, die den Artgenossen als Beziehungspartner interessant machen. Verhaltensbiologisch spricht man hier auch von RHP (Ressource Holding Power = Sammelkategorie, die sehr viele Aspekte von Durchsetzungsvermögen, Standfestigkeit, Kenntnisse über Ressourcen und deren Nutzung etc. enthält), denn unter dem Attraktivitätsbegriff verbergen sich so vielfältige Dinge wie Status, Rangposition, Revierbesitz, Herrschaftswissen (...).« (2007) Auch, wenn wir kein »echter« Artgenosse sind, so stellt der Mensch durchaus einen Sozial- und Bindungspartner dar, der nach hundlichen Maßstäben bewertet wird. Der Definition von Gansloßer folgend wird deutlich und nachvollziehbar, dass mangelnde Attraktivität des Menschen zu vielerlei Beziehungsfolgeproblemen führen kann, z. B. Statusprobleme und die unerlaubte Nutzung und Verteidigung von Privilegien.

Der Mensch stellt durchaus einen Sozial- und Bindungspartner für den Hund dar.

»Augen auf beim Hundekauf« – bzw. bei der Übernahme

Nicht nur attraktiv im obigen Sinne muss der Bindungspartner sein, er muss auch wissen, was er tut, Schutz im täglichen Leben bieten und klar die Leitung übernehmen können. Bindungs- und vertrauensfördernd erweisen sich gemeinsame, lustbetonte Unternehmungen mit dem Hund, doch auch klare Grenzsetzung, das Aufstellen und Einhalten von Regeln und das Etablieren von gewissen Routinen, an denen sich vor allem unsichere Hunde orientieren können. Eine klare, hundeverständliche Vorgabe der Richtung, in die es in der Mensch-Hund-Gemeinsamkeit gehen soll oder eben nicht, gibt dem Hund Sicherheit: Was der Mensch regelt, muss vom Hund nicht geregelt werden! Sicherheit schafft Vertrauen, und dies Vertrauen ist unabdingbar für Bindung.

Das Sturkopf-Erziehungsbuch

Wann beginnt **Erziehung**?

Diese Frage ist zur Abwechslung einmal ganz einfach zu beantworten: Sofort! In dem Augenblick, in dem ein Vierbeiner in die Familie aufgenommen wird, beginnt seine Eingliederung in das häusliche Umfeld und in die jeweiligen Alltagsabläufe. Und diese Eingliederung samt den täglichen Anleitungen und Demonstrationen der üblichen Routinen, ist durchaus auch der Erziehung zuzurechnen, denn die Erziehung eines Hundes umfasst weitaus mehr, als die pure Vermittlung von »Sitz«, »Platz« und »Fuß«! Unter Erziehung im weitesten Sinne ist auch die Herausbildung von sozio-positiven Verhaltensweisen und die Förderung der psychischen Entwicklung zu verstehen; so gilt es für unsere Kindererziehung und die Erziehung des Hundes ist durchaus analog zu sehen. Erziehung versteht sich daher als zielgerichteter und absichtsvoller Prozess, um erwünschte Verhaltensweisen beim zu Erziehenden zu etablieren, egal, ob der Zögling nun ein Menschenkind oder ein Hund ist. Auch Erziehungsmaßnahmen sollten für den Hund in erster Linie Zuwendung, Aufmerksamkeit und gemeinsames Tun mit dem Sozialpartner Mensch bedeuten können!

Verhaltensmaßregeln für das Leben mit dem Menschen wie Stubenreinheit, Alleinbleiben, Einführung und Akzeptanz von Tabuwörtern und Grenzen, Aufstellen und Einhalten von Regeln, Duldung von Manipulationen durch den Menschen, Erleben von Frustrationen und von Abhängigkeit und einiges mehr umfasst der hundliche Erziehungsplan. Über allem steht eine Partnerschaft, die klar strukturiert sein muss und sich auf gegenseitiges Vertrauen und Verstehen stützt. Und das Wissen, dass es um Führen und Lenken und nicht um Drängen und Zwingen geht!

Grundsätzlich muss festgestellt werden, dass zwischen der Erziehung des alltagstauglichen Familienhundes und der Ausbildung zu dem einen oder anderen Spezialgebiet (Blindenhund, Rettungshund, Fährtenhund u. a.) deutlich unterschieden werden muss. Erziehung ist nicht gleich Ausbildung, doch ohne zuvor erfolgte Erziehung funktioniert keine weiterführende Ausbildung – und zumeist nicht einmal das reibungslose Miteinander im tagtäglichen Zusammenleben von Mensch und Hund.

Viele Wege führen bekanntlich nach Rom, und auch viele Wege führen ans Ziel in der Hundeerziehung. Ein individuelles Lebewesen, wie der Hund eines ist, kann nicht mit Methode XY und nach »Schema F« angeleitet werden. Was für den einen Hund eine erfolgversprechende Erziehungsvariante darstellt, mag bei einem anderen in die Sackgasse führen. Und was der eine Mensch problemlos umsetzen kann, stößt beim anderen womöglich an die Grenzen seiner

Ob Vermittlung von Erziehung, Tricks oder Beschäftigung – Spaß soll es machen!

Fähigkeiten – oder einfach auch an die Grenzen seiner Vorlieben und Neigungen. Auch ernste Dinge sollten Spaß machen! Jedes Mensch-Hund-Team ist anders und deshalb gilt die Forderung nach dem individuell passenden Übungsaufbau und -ablauf, der beide Seiten zufriedenstellt. Hundeerziehung ist kein Wettbewerb auf Zeit, bei welchem das Maximum an Erfolg in einem Minimum an Zeit erreicht werden muss. Wir warnen deshalb ausdrücklich vor »Angeboten« wie »In 10 Tagen zum perfekten Begleithund!« – vor allem bei sturen »Eselshunden«. Oberstes Ziel sollte immer sein, dass der Hund aus der Akzeptanz seines Menschen als Richtungsweiser heraus freudig und positiv gestimmt folgt, auch situativ notwendig gewordene Frustration verarbeitet und hinzunehmen lernt, seinen Menschen mit dessen Anweisungen beachtet und respektiert – dabei aber auch noch Hund sein darf.

»Will to please« versus »Ich mach mein Ding« im Alltag

Die vorangegangenen Ausführungen geben bereits umfassende Erklärung dafür, dass der

Eine gute Beziehung zueinander und Freude am Miteinander bilden eine gute Basis.

Umgang mit einem »Will-to-please-Hund« in mancherlei Hinsicht einfacher, aber nicht unbedingt weniger anstrengend ist. Dieser Hundetyp wuselt mit ausgelassener Begeisterung um seinen Menschen – und durchaus auch gelegentlich um wildfremde, wenn die gerade spannend sind! – und scheint permanent in gutgelaunter Unternehmungslust. »Was können wir tun? Was wollen wir machen?«, steht in seinen erwartungsvoll blitzenden Augen. Auf der anderen Seite der – frei nach Lindenberg – »Ich-mach-mein-Ding-Vierbeiner«: Wenn kein Sinn in einer Handlung gesehen wird, dann wird sie halt unterlassen. Oder nur sehr widerwillig und mit fast sichtbarem Protest ausgeführt. Wäre die Menschensprache möglich, so wäre das Lieblingswort vermutlich das »Warum?«. Auch Begriffe und Aussprüche wie »Pöh!« oder »Und was, wenn nicht?«, würden wohl zum bevorzugten Sprachschatz gehören. Aber eigentlich hören, sehen und verstehen wir Besitzer, Trainer, Freunde von solch Sturköpfen das auch so. Oder etwa nicht? Wir kennen unsere Pappenheimer!

Zu Beginn des Buches haben wir einige Alltagsszenarien aufgezeigt, derer ließen sich noch etliche beschreiben. Immer zielt es beim Sturkopf auf das Gleiche hinaus:

- Der Sinn einer Handlung/Anweisung wird hinterfragt.
- Die Attraktivität des Menschen wird abgewogen gegen Sonstiges.
- Die menschliche Konsequenz wird auf den Prüfstein gestellt.

Und das bietet uns den Ansatz, wie wir im optimalen Fall vorbeugen können, damit sich Dickköpfigkeit nicht weiter verfestigen und Mensch und Sturkopfhund besser als Team zusammenfinden:
- Die Ausführung einer Handlung/Anweisung sollte lohnenswert sein und Spaß machen.
- Der Mensch muss seine Attraktivität und Exklusivität aufrechterhalten.
- Konsequenz und Geduld sind ein absolutes Must-have!

Wir hören nun die Frage im Chor: »Und wie macht man das?« Leider gibt es – mal wieder – keine pauschale Antwort. Traurigerweise ist auch der Rahmen eines Büchleins zu eng gesteckt, um alle Möglichkeiten aufzuzeigen, zumal es auch kaum eine vollständige Sammlung aller Möglichkeiten geben kann. Aber vielleicht verschafft Ihnen mit Ihrem »Eselchen« der ein oder andere Tipp den Zugang, um eigeninitiativ Wege und Vorgehensweisen zu finden. Das wäre ein toller Erfolg, auch für uns!

Von interessanten Menschen und neugierigen Hunden

Ohne Interesse funktioniert nichts, auch keine Erziehung. Dass Sie an Ihrem Hund Interesse haben, ist leicht vorauszusetzen, denn sonst hätten Sie ihn vermutlich nicht zu sich genommen. Häufig zollen wir Menschen unseren Hunden viel zu viel Aufmerksamkeit. Zuwendung ohne Ende und ohne eingeforderten Gegenwert. Der Hund als Opportunist genießt, nimmt an, was er kriegen kann, und kümmert sich in keiner Weise weiter um den Menschen, was er auch nicht braucht, da der Mensch sich in vollen Zügen um den Hund kümmert.

Bei so viel übertriebener »Liebe« ist es kein Wunder, dass der Vierbeiner kaum den Kopf hebt, wenn wir vom Einkaufen oder der Arbeit nach Hause kommen. Aber anstatt ihn nun in Ruhe zu lassen und Gleiches mit Gleichem zu vergelten, geht Mensch an sein Körbchen, streichelt, drängt Schmusereien auf. Dabei

Sturköpfe haben auch etwas Arrogantes an sich.

bewirkt gerade bei Sturköpfen ein »Wie Du mir, so ich Dir« in mancherlei Beziehung wahre Wunder!

Natürlich gibt es die Hunde, in deren Leben der Mensch bislang keine wesentliche Rolle spielte und die von seiner Fürsorge eher verunsichert sind und eingeschüchtert reagieren, deshalb einfach fernbleiben. Vielleicht wurden, wenn überhaupt, nur schlechte Erfahrungen mit dem Menschen gemacht und der Vierbeiner tendiert dazu zu flüchten. Ähnlich kann der im Stall oder Keller aufgewachsene Welpe, welcher aus der Hand eines Hundehändlers oder Massenzüchters gekauft wurde, reagieren. Auch hier schafft ein wenig anfängliche Distanzwahrung des Menschen dem Hund die Ruhe und den Raum, sich langsam an den Menschen zu gewöhnen, sich von ihm nicht bedrängt und überrumpelt zu fühlen und seine Gesellschaft genießen zu lernen.

Im häuslichen Rahmen lässt sich das Desinteresse des Hundes ja noch leicht ertragen, auch wenn es frustrierend ist. Menschen sind erstaunlich leidensfähig, wenn es um das »Wohl« des Hundes geht. Außerhalb des Hausstandes wird der Vierbeiner aber unter Umständen ebenso desinteressiert agieren und, kaum von der Leine gelassen, einfach seines Weges gehen, Anweisungen geflissentlich überhören, sich zunehmend unkontrollierbar erweisen und für die Ansprache seines Menschen nicht mehr empfänglich zeigen.

Erziehungstipps für den täglichen Gebrauch

Wenn der Vierbeiner auf »Durchzug« schaltet, kann es verschiedene Gründe geben. In der Pubertät ist es völlig normal, dass es solche »Nix

Bitte keine Welpen vom Hundehändler, Massenzüchter/Vermehrer oder aus dem Internetkatalog! Probleme sind vorprogrammiert.

verstehn in Athen«-Situationen gibt, hier muss es nicht einmal willentlicher und bewusster Ungehorsam sein, wie wir bereits in Kapitel Eins (Seite 11) umfassend ausgeführt haben. Pubertierende können sich nicht lang konzentrieren, sind regelrecht »zerfleddert« und »flatterhaft« und auch vierbeinig durchaus stimmungsschwankend. Deshalb gilt in dieser Phase oft: »weniger ist mehr« = kurze Übungseinheiten, Verzicht auf mehrmalige Wiederholungen, Training etwas lustbetonter und actionreicher gestalten.
Beim erwachsenen Hund ist das Auf-Durchzug-Stellen ein häufiges Indiz dafür, dass bereits schon viele Kinder in den Brunnen gefallen sind, die sich dort nun stapeln! Hier hilft oft wirklich

nur ein kompetenter Hundetrainer mit einer guten Videokamera, der die aufgenommenen Szenen des Miteinanders (oder besser Nebeneinanders in solchen Fällen) gründlich analysiert und ein individuelles Programm für dieses Mensch-Hund-Team aufstellt.

Wer aber mit Welpe oder Junghund oder auch mit ansatzweise kooperationsbereitem Erwachsenen eines dickfelligen Hundetyps konfrontiert ist, dem kommen unsere Tipps vielleicht gerade recht.

Das Interesse am Menschen fördernde Übungen

»Hund, achte auf mich, bei mir ist es spannend!«

Bei desinteressierten vierbeinigen Hausgenossen hilft oft schon ein häufigeres Nichtbeachten, damit er wieder Freude an der ihm geschenkten Aufmerksamkeit entwickeln kann und sie nicht als »normal« oder sogar »nervend« empfindet. Nähe zuzulassen und zu genießen hat mit Vertrauen und Achtung zu tun. Hier sollten die Rollen nicht vertauscht sein und der Hund entscheiden, wann er dies Privileg an den Menschen vergibt. Der Hund darf ruhig auch zwischendurch mal aus dem Zimmer geschickt werden, während man selber dort verweilen und den Abend genießen möchte. Es heißt nicht umsonst: »Distanz schafft Nähe.«

Aber bitte **nicht** falsch verstehen: Wir sprechen hier nicht von lang anhaltender, sozialer Isolation, was heutzutage schon fast zur Mode geworden und sogar Grundlage vieler sogenannter »Methoden« ist. Sehr zum großen Nachteil unserer Hunde, vor allem, wenn sich diese in der Pubertät befinden, und fatal, wenn es pubertierende Sturköpfe betrifft! Hunde sind

Zusammen sein und sich miteinander beschäftigen stärkt die Beziehung.

soziale Lebewesen und brauchen die Nähe ihres Sozialpartners Mensch. Aber eben nicht immer und andauernd! Und jedes Lebewesen muss die Bedeutung der Worte »Nein« und »Jetzt nicht« zu akzeptieren lernen.

Machen Sie Dinge mit Ihrem Hund gemeinsam, das schafft Vertrauen, macht Spaß und stärkt das Miteinander.

- Verstecken Sie Futter und lassen es vom Hund suchen. Das kann in der Wohnung ebenso geschehen wie draußen.
- Verstecken Sie das Lieblingsspielzeug und lassen es vom Hund suchen. Das kann in der Wohnung ebenso geschehen wie draußen.

Wann beginnt Erziehung?

- Viele Hunde lieben sportliche Aktivitäten. Lassen Sie Ihren Hund beim Spaziergang doch gezielt und mit Kommando über liegende Bäume springen oder darunter herkrabbeln, über gestapelte Bäume balancieren und klettern, vielleicht kombiniert mit Bleib- und Abrufübungen. Auch ein Slalom um Bäume oder durch Ihre Beine kann für den Hund lustbetont sein. Beenden Sie derartige Aktivitäten, wenn der Spaß Ihres Hundes noch auf einem hohen Level ist!

- Gehen Sie mit dem Hund an eine Stelle, wo es besonders lustvoll für ihn ist und er nach Herzenslust buddeln, stöbern, schnüffeln oder planschen kann, je nach Vorliebe.
- Lassen Sie ihn gezielt etwas erschnüffeln. Dafür können Sie z. B. einen Karton mit zusammengeknülltem Papier füllen und darin eine Pansenstange verstecken. Oder – für fortgeschrittene Schnuppernäschen – stülpen Sie mehrere Pappkartons ineinander, wobei im innersten etwas versteckt ist.

Gemeinsame Aktivitäten und Spiele schaffen Bindung. Das Interesse Ihres Hundes an Ihrer Anwesenheit wird deutlich gesteigert.

- Überlegen Sie doch mal, wann Sie das letzte Mal ausgelassen mit Ihrem Hund gespielt haben. Und hiermit ist gemeinsames, durch Sie initiiertes und kontrolliertes Spiel gemeint, was allen Beteiligten Spaß machen sollte, nicht die Degradierung Ihrer selbst zur Ballwurfmaschine des Hundes.

Klettern und balancieren mögen auch Dickköpfe durchaus gern.

Kommunikation über Zeigegesten – schafft Interesse am Miteinander.

- Gerade bei dickköpfigeren Hundetypen hat sich das Agieren mittels Zeigegesten bereits ab Welpenalter an (im Optimalfall) als ausgesprochen sinnvoll erwiesen. Der Welpe hat in der Regel noch an allem Interesse, Spielzeug, Futter, alles ist toll. Der Mensch kann sich gut neben den Knirps hinkauern und im Halsband oder Geschirr sanft (!) festhalten. In einiger Entfernung, anfangs nicht zu weit entfernt, steht oder liegt offensichtlich etwas Interessantes. Der Mensch weist mit deutlicher Zeigegeste darauf hin. Bitte verzichten Sie dabei auf Gesprochenes, nutzen Sie nur Ihren Körper, Ihre Körperspannung und (klare!) Körpersprache. Dann lassen Sie den Kleinen los und zu dem »Entdeckten« hinlaufen. Ist er dort angekommen, dürfen Sie sich begeistert zeigen und sich gemeinsam mit ihm das Gefundene anschauen. War es ein Spielzeug, so darf er es nehmen, gern auch mit Ihnen gemeinsam damit spielen. War es Futter, so darf er es fressen.
- Langsam (!) können Sie hier die Anforderungen steigern:
  - Entfernung zum Objekt erhöhen
  - Objekt »verstecken«, z. B. Futterschüssel abdecken oder Spielzeug unter ein Handtuch oder in einen Waschlappen.
  - Mehrere Objekte auslegen, doch nur unter einem – und auf das weisen Sie! – ist etwas versteckt.

Der Hund lernt hierbei im positiven Miteinander, dass es für ihn einen Vorteil hat, auf Gesten seines Menschen zu achten! Das macht sich auch bei gestisch begleiteten Erziehungsschritten bemerkbar!

»Guck´mal«

Sinnvoll bei der Erziehung – und vor allem sehr hilfreich zur Begegnung von Desinteresse des Hundes am Menschen! – ist die Etablierung von einem Markerwort wie »Guck´mal«, »Schau« oder etwas Vergleichbarem. Wird diese Aufforderung an den Hund gegeben, so bedeutet es

Wer Zeigegesten in früher Jugend kennenlernt, der reagiert auch im hohen Alter noch gut darauf.

Wann beginnt Erziehung?

»Guck mal« beim Sitzen.

gleichzeitig immer, dass deren Befolgung für den Hund einen großen Vorteil bringt. Das können besondere Futterbrocken sein, aber auch ein besonderes Spielzeug, halt immer etwas, das für den Hund äußerst belohnend und lustgewinnend ist.

- Im ersten Schritt wird der Hund mit seinem Namen angesprochen. Wendet dieser daraufhin seinen Kopf in Richtung des Menschen, wird ihm ein Futterbrocken gezeigt und gegeben. Nach nur wenigen Wiederholungen hat der Hund die Erwartungshaltung: Name hören = Aufmerksamkeit auf Menschen richten = Futter. Sollte der Hund auf das Aussprechen seines Namens nicht reagieren, so erhält er natürlich auch kein Futter.
- Im zweiten Schritt wird der Hund mit seinem Namen angesprochen. Wendet dieser daraufhin den Kopf in Richtung Mensch, wird sofort (!) das entsprechende Markerwort gesagt und der Hund erhält die Belohnung. Nach nur wenigen Wiederholungen hat der Hund gelernt: Name und Markerwort hören = Aufmerksamkeit auf den Menschen richten = Futter.
- Im dritten Schritt wird der Hund nur mit dem Markerwort angesprochen. Wendet dieser daraufhin den Kopf in Richtung Mensch,

erhält er die Belohnung. Nach nur wenigen Wiederholungen hat der Hund gelernt: Markerwort hören = Aufmerksamkeit auf den Menschen richten = Futter.
- Eine andere Möglichkeit ist, den Hund in dem Augenblick mit dem Markerwort »Guck mal«, »Schau« oder welches Wort gewählt wurde und einem Lob, wenn der Hund etwas weiter entfernt ist, und Futter, wenn er herangekommen ist, zu bestätigen, wenn er dieses Verhalten gerade zufällig zeigt.
- Beide Varianten lassen sich auch gut miteinander kombinieren!

- Reagiert der Vierbeiner auf Ansprache nicht (obwohl er eigentlich seinen Namen sehr wohl kennt), so kann der Mensch auch einmal kurz mit der Zunge schnalzen oder den Hund anstupsen, um seine Aufmerksamkeit zu erzielen.

So bitte nicht
- Wird das Kommando zu spät gegeben, so kann der Hund Handlung und Befehl nicht verknüpfen.
- Wird das Kommando zu früh gegeben, nämlich wenn der Hund den Kopf noch gar nicht in Richtung auf den Menschen dreht, so kann der Hund Handlung und Befehl nicht

»Guck mal« in Verbindung mit Fußlaufen.

Und immer schön mit der Ruhe und nichts überstürzen!

verknüpfen. Deshalb ist das Markerwort erst als Kommando einsetzbar, wenn der Vierbeiner zuverlässig auf Ansprache mit seinem Namen den Kopf herumwendet.

- Wird die Belohnung zu spät gegeben, so kann der Hund seine Handlung mit der erhaltenen Bestätigung nicht mehr in Verbindung bringen. Folgen: Die Handlung ist nicht mehr lohnenswert und wird zukünftig nicht mehr zuverlässig gezeigt oder sogar gänzlich eingestellt. Unter Umständen stellt der Hund eine falsche Verknüpfung her, wenn er in dem Augenblick, in dem er die Belohnung erhalten hat, bereits etwas völlig Anderes tut.
- Ungeduld des Zweibeiners ist – wie bei allen Erziehungsschritten! – ungünstig und behindert den Lernerfolg!

»Ich helfe Dir«
Auf den ersten Blick vielleicht etwas gemein, aber auch gut geeignet, um dem Dickkopf aufzuzeigen, wie nützlich und sinnvoll Kooperation ist. Deponieren Sie etwas höchst Begehrtes für den Hund unerreichbar (in gewisser Höhe, hinter einer Wand, unter einem Kasten o. ä.). Nun warten Sie ab, ob der Hund Sie um Hilfe bittet (das kann ein intensiver Blick sein, ein Anstupsen, ein Hin- und Herlaufen zwischen Objekt und Ihnen, da gibt es die verschiedensten Möglichkeiten). Natürlich helfen Sie gern und verhelfen dem Vierbeiner zum Erfolg. Nur Vorsicht: Es sollte in der weiteren Folge nicht dazu führen, dass Sie ALLE Aufgaben für den Hund erfüllen und er sich denkfaul ausruht und seines »Dieners« bedient. Deshalb immer auch

Wie beim Kinderturnen: Mit kleinen Hilfestellungen zum (sich!) Ausprobieren motivieren!

Nutzung von Hilfsmitteln

Clicker

Wer einen Clicker (eine Art Knackfrosch) korrekt nutzt, kann durchaus bemerkenswerte Erfolge gerade auch bei sturen Hundetypen erzielen. Bereits beim älteren Welpen und jungen Junghund kann ein »Click« eingesetzt werden, um erwünschtes Verhalten bestätigend zu »kommentieren« und den Hund leicht lernen zu lassen, was bei seinem Menschen gut ankommt und ihm eine Belohnung einbringt. Das Clickern bringt den großen Segen mit sich, dass der Mensch viel spezieller auf POSITIVE Verhaltensweisen seines Hundes achten muss, statt, wie vielfach üblich, nur immer wieder zu korrigieren, zu lamentieren, zu negieren (was den Sturkopf nur noch sturer werden lässt!). Der Hund lernt frühzeitig, dass hier etwas für ihn Positives im Miteinander passiert – und das macht das Miteinander interessanter. Skeptiker und Gegner des Clickers mögen anmerken, dass es sich hierbei ja »nur« um eine Konditionierung handeln würde, somit gar

den Hund zum Ausprobieren motivieren und die Hilfestellungen nicht übertreiben! Helfen heißt nicht (auf)lösen und selber machen!

Die Kognitionsforschung hat belegt, dass Hunde durchaus zu kooperativem Verhalten fähig und auch willig sind. Hunde, die als kooperativer vom Typ her gelten, sind dabei aber auch häufig weniger experimentierfreudig und schneller bereit, das Lösen der Situation ihrem Menschen getreu »Mach mal« zu überlassen.

Weitere wichtige Hintergründe und Tipps rund um die Alltagserziehung finden Sie in Kapitel 5!

»Lockere Leine« – Üben mittels Clicker.

kein »richtiges« Teamwork. Da aber gerade bei den Sturkopfhunden das mangelnde Interesse am Menschen eine große Rolle spielt, sollte solch positive Art und Weise zur Weckung des Interesses und zur Förderung des Spaßes am Miteinander nichts unversucht abgetan werden. Dabei darf natürlich weder der Hund, noch der Mensch überfordert werden und die Handhabung muss erlernt und im Gebrauch exakt terminiert werden! Hierzu gibt es eine Fülle an Literatur, DVDs und frei zugängliche YouTube-Tutorials. Probieren Sie es ruhig aus! Versuch macht klug …

Hundepfeife und Konditionierung darauf
Wie beim Clicker, so erfolgt auch der Gebrauch der Hundepfeife über Konditionierung. Die Hundepfeife ist ein positiv besetztes, emotionsneutrales Rückrufinstrument. Sie vermittelt stets das gleiche Signal, was die menschliche Stimme durch verschiedene Emotionslagen nicht in der Lage ist zu leisten. Zur Konditionierung wird dem Vierbeiner ein schmackhaftes Futterbröckchen vor die Nase gehalten. Im gleichen Augenblick, in dem ihm das Bröckchen überlassen wird, ertönt der Pfiff. Dies wird ein paar Mal an unterschiedlichen Orten wiederholt. Der Hund begreift sehr schnell, dass mit dem Pfiff etwas für ihn Leckeres verbunden ist. Um die Verknüpfung Pfiff = Futter herzustellen bzw. weiter zu vertiefen, wird auch vor dem Reichen der normalen Mahlzeiten gepfiffen.

Hat man eine Hilfsperson, hält diese den Hund fest und man selbst entfernt sich einige Schritte vom Hund. Dann ertönt der Pfiff mit sichtbarem Hinhalten des Futters. Kommt der Hund angelaufen, wird das Futter sofort gegeben. Klappt dieser Übungsaufbau gut, und der Hund strebt zügig zum Menschen, wird vor

Pfiff = Futter.

dem Pfiff der Name des Vierbeiners gerufen. Dies führt auf Dauer dazu, dass der Hund nur auf **den** Pfiff reagiert, bei welchem **sein** Name gerufen wird.
In Verbindung mit der Schleppleine kann man auch gut allein mit dem Hund üben.
Zum Beispiel wird ein Futterbrocken weggerollt und man wartet, bis der Hund diesen gefressen hat. Dann wird wieder der Name gerufen und der Pfiff ertönt. Mit großer Sicherheit kommt die Fellnase nun angerannt, um sich wiederum Futter abzuholen. Vorausgesetzt, Futter stellt eine Motivation dar (s.u.).

Knistertüte
Packen Sie Futter oder etwas Besonderes in eine Knistertüte. Erfahrungsgemäß reagieren Hunde

Knistert da was?

sehr interessiert auf Knistergeräusche und lernen blitzschnell, wenn damit auch noch etwas Schmackhaftes in Verbindung gebracht wird. Üben Sie zuerst im Haus ohne große Ablenkung, bevor Sie sich in reizstärkere Umgebung wagen. Reagiert Frau/Herr Hund auf Sie, wenn Sie ihn mit Namen ansprechen, hocken Sie sich nieder und geben ihm, wenn er bei Ihnen ist, Futter aus der Knistertüte.

Bitte beachten:
Häufig sind gerade bei den Sturköpfen zwei Aussprüche der Besitzer zu hören:
1. Der ist absolut unbestechlich und nimmt kein Futter.
2. Der hat an Futter überhaupt kein Interesse.

Und es ist wirklich so, dass viele dickköpfige Hunde die Annahme von Futter in bestimmten Situationen verweigern bzw. deutlich demonstrieren, dass sie daran gar kein Interesse haben. Manchmal muss man das dann einfach hinnehmen und kann Übungsmaßnahmen mit Futterbestätigung schlicht vergessen. Manchmal ist es aber auch so, dass bei genauem Nachfragen es doch das Ein oder Andere gibt, wo der Hund Interesse dran hat, was sich im Alltag bei anderen Gelegenheiten zeigt. Gibt es bislang unbeachtete Alltagskonditionierungen, die Ihnen als solche noch gar nicht bewusst geworden sind? Manche Hunde kommen aus dem hintersten Winkel, wenn ein Joghurtbecher geöffnet wird, andere Vierbeiner reagieren höchst begeistert auf das Aufklopfen der Schale beim gekochten Ei. Und manche

Feinschmecker kennen das Zischen von Pfannen oder Waffeleisen! Überlegen Sie einmal in Ruhe, ob Ihnen nicht vielleicht doch etwas einfällt, woran Ihr Dickkopf sein Herz verloren hat.

Schleppleine

Gerade in der Junghundphase sollten Hunde über eine Schleppleine gesichert werden, um zu verhindern, dass sie sich verselbständigen! Das ist besonders für unsere Dickfelle wichtig. Über die Länge der Schleppleine lernt der Hund, einen bestimmten Radius einzuhalten, da der Mensch sich auf das Ende der Leine stellen bzw. darauf treten kann, wenn der Vierbeiner zu weit nach vorne strebt. So kann der Hund auch gesichert werden, wenn er angesprochen und zurückgerufen wurde, die Befolgung des Rückrufes aber nicht sicher vorausgesetzt werden kann. Reagiert der Hund auf die Rückrufaufforderung nicht, so nimmt man das Ende der Schleppleine in die Hand und geht rückwärts zurück. Nun kann der Hund sich nur gehorsam verhalten und auf den Menschen zukommen. Dieser wiederum quittiert dies »gehorsame« Verhalten mit Begeisterung und offeriert die bestätigende Belohnung (was auch etwas wirklich Lohnenswertes sein sollte!). Schleppleinentraining eignet sich aber ebenso für ältere Hunde. Die Schleppleine sollte immer in Verbindung mit einem Brustgeschirr genutzt werden! Bei großen, schweren Vierbeinern reicht eine Schleppleine mit maximal 5 Metern. Es kann zu bösen Unfällen kommen, wenn der Vierbeiner losstürmt, um Vögel auf dem Feld zu jagen, und Mensch steht auf der Leine!

Die Schleppleine schafft Verbindung zum Hund auch auf größere Distanz und verhilft dem Menschen zu mehr Beachtung und Respekt auf Hundeseite, da er auch auf Distanz bestimmte Dinge durchsetzen kann – quasi fast »Frauchen/Herrchen allmächtig«.

Bitte beachten:
Gelobt und bestätigt wird nicht nur mit Futter, sondern auch mit Sozialkontakt (Streicheln, sanfte, liebevolle Verbalkommunikation).

Schleppleinentraining schafft Verbundenheit und ermöglicht Kontrolle auf Distanz.

Das Sturkopf-Erziehungsbuch

Hundeplatz –
ja oder nein?

Hundeplatz – ja oder nein?

Nicht nur Besitzer von Sturköpfen stellen sich diese Frage, sondern fast jeder Hundebesitzer. Dabei ist das Angebot an Hundevereinen, Hundeschulen, Hundetreffs und Hundeklubs nie so groß und reichhaltig gewesen wie heute. Es ist nicht leicht, die Spreu vom Weizen zu trennen, da muss jeder für sich selber schauen und Erfahrungen sammeln. Nicht jeder Mensch kommt mit jedem Trainer, jeder Trainingsmethode oder auch mit den angebotenen Trainingszeiten zurecht. Hundeerziehung ist ein sensibles Konstrukt, welches im Wesentlichen mit der fachlichen, sozialen und emotionalen Kompetenz des Ausbilders/Trainers steht und fällt. Der thematisch noch so versierte Trainer läuft gegen die Wand, wenn es ihm nicht gelingt, den Hundebesitzer mit seinem Hund zu erreichen. Der noch so engagierte Hundebesitzer wird in seinem Bemühen scheitern, wenn er seinem Hund Wollen und Können nicht hundegerecht zu vermitteln im Stande ist. Besuchen Sie ruhig verschiedene Anbieter und schauen sich Unterrichtsstunden an. Vielleicht gibt es auch Schnupperstunden, an denen Sie teilnehmen können. Fühlen Sie sich wohl und gut aufgehoben? Werden Ihre Fragen umfassend und nachvollziehbar, aber auch verständlich beantwortet? Macht Ihr Hund einen entspannten Eindruck? Erfahren Sie Kommentare, Korrekturen und Hilfestellungen zu Ihrem Tun, die Sie als konstruktiv und umsetzbar empfinden? Dann scheinen Sie doch gut gelandet zu sein.

Grundsätzlich kann weder pauschal zugeraten, noch pauschal abgeraten werden. Da ist sie eben wieder, die Sache mit der Pauschalität! Aber viele Menschen und Hunde üben durchaus gern in der Gruppe. Außerdem bietet die Gruppe auch den möglichen Effekt des Nachahmungslernens, das allerdings leider auch in negativer Hinsicht. So muss schon darauf geachtet werden, wie eine Gruppe zusammengesetzt ist und was interaktiv passiert.

Training bei Hundevereinen

Die Vorzüge eines Vereins liegen sicherlich im preislich günstigeren Angebot an Erziehungs- und Ausbildungskursen für die eigenen Mitglieder. Wer seinen Mitgliedsbeitrag bezahlt hat, der hat uneingeschränktes oder vergünstigtes Recht, an den Leistungen des Vereins teilzunehmen. In der Vergangenheit bildeten sich Vereine, die sich mit der Erziehung und speziellen Ausbildungsformen beschäftigten, hauptsächlich aus den Reihen größerer Gebrauchshundevereinigungen, häufig in Form von Landes- und Ortsgruppen. Hier wird Erziehung unter dem Schlagwort »Unterordnung« ein- bis zweimal wöchentlich auf dem vereinseigenen Trainingsgelände geübt. Je nach Rasse gibt es zusätzliche Angebote wie Fährte, Schutzhund»sport«, Apportieren und Ähnliches.

Wer mehr als einen Hund hat, kann eine eigene Gruppe bilden und mit dieser üben.

Das Sturkopf-Erziehungsbuch

Auch Hundevereine bieten mittlerweile gelegentlich Gruppenstunden fern vom Hundeplatz an.

Zu den Pflichten gehört es auch, an der Reinigung und Pflege, dem Aus- und Umbau der Platzanlage und an der Bewirtung während der Übungszeiten tatkräftig mitzuhelfen. Oder es werden Fremdpersonen mit diesen Aufgaben betraut, die dann aus der Vereinskasse bezahlt werden.
An den Rechten und Pflichten und den Modalitäten eines Vereins mit Vereinsführung, Mitgliederversammlungen, Statuten und Beitragspflicht hat sich auch heutzutage nichts geändert. Doch haben sich auch rassespezifische Vereine für Fremdrassen und Mischlinge meistenteils geöffnet, sodass fast jeder Hundehalter mit seinem Vierbeiner auch aus den Vereinsangeboten auswählen und an diesen teilnehmen kann, wenn er entsprechend eine Voll- oder Gastmitgliedschaft beantragt hat.

Gerade mit dickfelligeren Hundetypen hat man es aber in »typischen« Gebrauchshundevereinen eher schwer, da das »zackige« Absolvieren der Kommandos meist eher weniger gegeben ist und man leicht den (nicht ganz unzutreffenden) Eindruck bekommt, hier den gesamten Verkehr aufzuhalten. Ungeduld und Nervosität breiten sich womöglich beim Zweibeiner aus, störrischer

Eigensinn und stures Widersetzen beim Vierbeiner. Keine gute Ausgangssituation für entspanntes und freudiges Lernen!

Gewerblich geführte Hundeschulen

Hundeschulen sind keine Hundevereine! In der Regel sind es gewerblich geführte Haupt- oder Nebenerwerbsbetriebe, die sich mit ihrem Angebot an alle Hundebesitzer und alle Hunde, Rassehunde wie Mischlinge, richten. Als gewerblich geführter Betrieb ist verständlicherweise auch eine andere Preispolitik nötig, die vom Hundebesitzer oft nicht verstanden wird. Doch ein Betrieb hat andere Kosten als ein Verein oder eine lose Interessengemeinschaft, die sich in lockerer Folge gelegentlich trifft. Hundeschulleiter und -mitarbeiter verpflichten sich zu kontinuierlicher Fortbildung, die, wie bereits gesagt, nicht unerhebliche Kosten verursacht. Dafür werden aber auch andere Leistungen mit (hoffentlich!) qualifizierterem Hintergrund angeboten! Wer als Hundetrainer in einer Hundeschule arbeitet oder selber eine leitet, von dem darf eine umfassende Kenntnis in Hundeverhalten, diversen Erziehungsmodellen, eine didaktische Vorgehensweise im

Gruppenausflüge in die Stadt machen Spaß und gehören heutzutage auf den Stundenplan jedes Hundeschülers.

Übungsaufbau und eine stringente Wissensvermittlung erwartet werden. Seit dem 1. August 2014 gilt die neu eingeführte Erlaubnispflicht (§ 11 des Tierschutzgesetzes) für alle diejenigen, die gewerbsmäßig (Haupt- wie Nebenerwerb) für Dritte Hunde ausbilden oder Erziehung und Ausbildung des Hundes durch den Tierhalter anleiten. Nur mit dieser entsprechenden behördlichen Erlaubnis, darf die Hundeschule ihr Gewerbe betreiben. In der Regel sind es die Veterinärämter, die zu überprüfen haben, ob ein Hundetrainer oder Hundeschulinhaber, die erforderlichen Sachkenntnisse und Fähigkeiten zur Ausübung der Tätigkeit hat. Vom Grundsatz her kein falscher Gedanke, doch in der derzeit überwiegenden Ausführung und der willkürlichen Handhabung durch die deutschlandweiten Ämter, massiv zu kritisieren. Auch die Unterscheidung zwischen Verein (als ehrenamtliche Tätigkeit) und Hundeschule (als gewerbliche Tätigkeit) ist nicht nachvollziehbar. Wenn der Tierschutzgedanke im Vordergrund steht (was er ja angeblich tun soll), dann muss die Verpflichtung zum Nachweis von Kompetenz hier wie dort gelten. Für den Hund, dessen Besitzer und letztlich auch die Gesellschaft, kommt es nämlich auf das Gleiche heraus: ein versch ... Hund ist ein versch ... Hund!

In erster Linie umfasst das Angebot einer Hundeschule die gesamte Palette der Erziehung des Familienhundes, beginnend mit Welpengruppen für Hunde in den ersten Lebensmonaten, übergehend in verschiedene Junghundegruppen für junge Junghunde und vollpubertierende Rüpel bis hin zu Gruppen für erwachsene Vierbeiner. Spezielle Ausbildungsformen liegen nicht in der inhaltlichen Intention einer Hundeschule, dafür gibt es wiederum Spezialisten, was auch Sinn macht.

Um den Ansprüchen des jeweiligen Mensch-Hund-Teams und eventuell vorliegender individueller Problematiken gerecht zu werden, bieten Hundeschulen einerseits Gruppentraining, andererseits aber auch Einzelunterricht an. Beide Trainingsformen können sowohl auf eigenem Übungsgelände stattfinden, werden aber immer wieder auch in die »normale« Alltagsumgebung (Stadt, Land, spezielle Umgebungen) des Hundehalters gelegt. Häufig gibt es neben dem reinen Erziehungsangebot auch Kurse oder Gruppen, die sich diversen Beschäftigungsmöglichkeiten und speziellen Förderungen widmen.

Einzelunterricht

Wie der Name schon besagt, wird einzeln mit dem Trainer geübt und trainiert. Einzelunterricht ist dann angeraten, wenn spezielle Fragen, Situationen und/oder Probleme unter sachkundiger Anleitung angegangen werden sollen oder müssen. Hierbei richtet sich die individuelle Widmung des Trainers daran aus, was an Problematik vorliegt und wo sie auftritt. Einzeltermine können im häuslichen Bereich des Hundehalters (z.B. bei territorial motiviertem Verhalten), in der üblichen Alltagsumgebung (z.B. bei Handlingfragen, sozial motivierten Auffälligkeiten und/oder bei Habituationsproblematiken) oder an speziellen Orten stattfinden. Einzelunterricht ist natürlich kostenintensiver als Gruppentraining, aber effektiver und auf die individuellen Fragestellungen und Probleme des jeweiligen Mensch-Hund-Teams abgestimmt und diesem angepasst. Quasi der Maßanzug, statt dem Outfit von der Stange.

schindet), ohne wirklich zu hinterfragen, ob diese Beschäftigungsaktion auch dem Hund liegt und gefällt. Sind begeisterungswillige, aktive Hunde noch schnell zum Mitmachen zu motivieren, geht ein vierbeiniger Sturkopf leicht schon eher in die widerstrebende Abwehr bis in die totale Verweigerung. Und dann breiten sich gern wieder die Meinungen aus: »Die sind so, mit denen kann man nichts anfangen, die machen nicht mit, die haben auf nichts Bock!« Schade – und so nicht wahr!

Auch für dickfellige Hunde gibt es Freizeitaktivitäten – so man eben mit seinem Hund etwas tun möchte, was man ja auch nicht zwangsläufig tun muss!

Gerade eigensinnigere Felle lieben häufig die Aktivitäten, bei denen sie selbständig und eigeninitiativ agieren können. Und davon gibt es durchaus einige. Wenn diese dann auch noch vom eigenen Menschen ermöglicht und begleitet werden, wirkt sich das zusätzlich positiv auf das Mensch-Hund-Miteinander aus.

Beim Einzeltraining ist man mit sich, seinem Hund und dem Trainer allein und kann gezielt am individuellen Programm arbeiten.

Natürlich bietet sich Einzeltraining auch dann an, wenn kompakt und zeitlich begrenzt trainiert werden möchte (z. B. als Trainingsurlaub), wenn einem Gruppentraining unpassend oder unangenehm ist, wenn man nur zu unterschiedlichen Zeiten (z. B. aufgrund von Schichtdiensttätigkeiten oder bestimmten familiären Situationen) Stunden einrichten kann und möchte.

Beschäftigung

Auch Beschäftigungsangebote gibt es heutzutage wie Sand am Meer. Manchmal sucht sich aber der Mensch etwas aus, was ihm Spaß macht (oder Eindruck bei den Nachbarn

- Was jedem Hund Spaß macht, sind Spaziergänge und Wanderungen in der Natur. Hier gibt es viel zu schnüffeln, viel zu entdecken und viel zu erkunden. Gönnen Sie Ihrem Hund doch auch diesen Spaß, lassen Sie ihn über Baumstämme springen, auf ihnen balancieren, durch Wasser oder Laub laufen und alles gründlich abschnüffeln. Und machen Sie es ruhig gemeinsam! Das darf dann auch einmal alles ein bisschen dauern. Ein Abenteuer-Spaziergang ist eben mehr als das Absolvieren einer Strecke von A nach B.
- Oder Sie verstecken etwas (Futter, Spielzeug, einen Gegenstand von sich selbst womöglich), den der Hund suchen darf, wenn ihm das

Auch Sturköpfe haben Spaß an Spiel und Action!

Suchen Spaß macht. Bauen Sie Suchspiele langsam und mit Bedacht auf, damit der Hund anfangs immer (!) Erfolg hat und sich keine Frustration breitmachen kann. Steigerungen der Distanz und des Schwierigkeitslevels müssen langsam und systematisch aufgebaut werden!

- Personensuche in Art des Mantrailings ist auch etwas, wofür sich viele Sturköpfchen begeistern können. Viele ihrer Eigenschaften sind hier gerade von Nutzen: eigenständiges Handeln, Vorgeben der Richtung, unabhängiges Vorgehen ohne Kommandos durch den Menschen z. B.
- Schnüffelspuren verfolgen ist auch eine tolle Sache! Spritzen Sie mit einer großen Plastikspritze Fleischwasserspuren oder punktuelle Riechstationen auf den Boden, und legen Sie ans Ende ein Wurststückchen oder ein begehrtes Spielzeug. Mit zunehmender Versiertheit kann die Strecke länger werden, über Hindernisse führen oder auch größere Lücken aufweisen. Spaß und Spannung pur! Bitte langsam und mit Bedacht aufbauen und nur in kleinen Schritten steigern!
- Schnüffeln gefällt selbst älteren Kalibern, deshalb werden Dinge wie Schnüffelrasen und Sniffpads von jedem Hund angenommen.

Hundeplatz – ja oder nein?

Auch hierbei kann man sich als Partner gut mit einbringen, indem man Hilfestellungen gibt oder einfach nur dadurch, dass man diese tollen Teile vorbereitet und zur Verfügung stellt!

- Schnüffeln und Anzeigen – Auch dies ist eine Möglichkeit, den Hund zu beschäftigen und zur Kooperation zu führen. Ein bestimmter Geruch muss identifiziert werden, da, wo er gefunden wird, wird ein Anzeigeverhalten etabliert. Der Aufbau hierbei ist etwas umfangreicher und sollte gründlich erlernt werden. Das geschieht z. B. in Kursen zur Zielobjektsuche (ZOS) oder bei der Geruchs- identifikation allgemein.

Mit dem Menschen gemeinsam etwas erleben und auch gruselige Herausforderungen annehmen und meistern, das schweißt zusammen!

Verstecke können für geübte Schnüffler auch mal schwieriger sein.

- Manche Form von interaktivem Spielzeug wird gern angenommen, vorausgesetzt, es bleibt eine seltenere Überraschung und wird nicht x-Mal wiederholt. Der Schwierigkeitsgrad muss anfangs niedrig gehalten werden, damit der Hund durch eigeninitiatives Versuchen zum Erfolg kommen kann. Solche Spielangebote lassen sich gut selber basteln, wenn man ein bisschen geschickt ist. Auch hierzu ist das Internet voll mit Anregungen! Und nach dem Spiel verschwindet alles bis zum nächsten Mal, damit das Interesse daran hochgehalten werden kann!

- Tragen oder Ziehen - Vielleicht mag Ihr Vierbeiner mehr die kraftrelevanten Aktionen? Dann könnte man versuchen, ob er Packtaschen tragen oder sich als Zughund vor dem Scooter oder dem Sacco-Cart bewähren möchte.

Das sind nur einige Anregungen, die Auflistung ließe sich seitenlang fortsetzen.

Weitere tolle Ideen und Anregungen finden Sie z. B. unter www.spass-mit-hund.de. Überlegen Sie einfach, was Ihrem Hund und Ihnen wirklich (!) Spaß macht und bauen Sie darauf auf. Mit ein wenig Phantasie, Geduld und Lust zum Ausprobieren werden Sie auch für Ihr Team das Richtige finden!

Hundeplatz – ja oder nein?

Jeder Spaziergang kann Abenteuer, Spaß, Entdeckung und Erfahrung sein!

Das Sturkopf-Erziehungsbuch

Von »zermürbten Zweibeiner-Seelen« mit »sturen Vierbeiner-Köpfen«

Von »zermürbten Zweibeiner-Seelen« mit »sturen Vierbeiner-Köpfen«

Sturköpfe und Territorialität

Viele Sturköpfe, gerade die der XL- und XXL-Variante, zeigen ausgeprägtes Territorialverhalten. Dies in alltagstaugliche Bahnen zu lenken, ist oft recht schwierig. Hat man einen Welpen übernommen, so sind die Aussichten recht gut, wenn man sich in der Anfangszeit Mühe gibt und die nötige Geduld investiert. Bei übernommenen Auslandshunden oder älteren Tierschutzhunden ist das wesentlich schwieriger. Sie haben in den meisten Fällen nicht lernen können, Vertrauen zum Menschen zu haben und sich von diesen durch den Alltag leiten zu lassen.

Vermitteln Sie dem Sturkopf, dass Besuch bei Ihnen herzlich willkommen ist

Da unser Hund das Haus oder die Wohnung ja durchaus vor unerwünschtem Besuch bewachen soll, erlauben Sie ihm, wenn es klingelt, an die Türe zu laufen und zu bellen. Nach kurzer Zeit gehen Sie zu ihm und loben ihn, da er seinen Job gut gemacht hat. Dann bringen Sie ihn aus dem Türbereich heraus. Günstig ist ein fester Platz, den er dann aufsuchen soll, am besten dort, wo man ihn festmachen kann. Bevor der Vierbeiner das Kommando »Platz« mit Verweilen

Viele Sturkopf-Vierbeiner besitzen auch eine gehörige Portion Territorialität und müssen deshalb von klein auf lernen, dass Besuch willkommen ist.

nicht wirklich zuverlässig befolgt, binden Sie ihn dort an. Ab jetzt wird er ignoriert, und Sie kümmern sich um Ihren Besuch.

»Aber er muss doch mal an den Menschen riechen dürfen!? Er möchte doch auch ´Guten Tag´ sagen!« Nein, das muss er nicht und er ist auch nicht unhöflich, wenn er nicht begrüßt! Schon gar nicht, wenn der Vierbeiner zu den eher unsicheren Kandidaten gehört, die bei der geringsten Bewegung durchaus mit einer Attacke reagieren könnten. Verhält sich der Hund auf seinem Platz ruhig, können Sie ihn mit freundlicher Stimme loben.

Haben Sie nicht die Möglichkeit, ihn sicher anzubinden, dann bringen Sie ihn vor dem Öffnen der Türe in ein anderes Zimmer. Wichtig ist aber, dass die Gewöhnung an diesen Rückzugsort vorher geübt wird. Es soll und darf für den Vierbeiner keine Bestrafung darstellen! In der Gewöhnungsphase kommt er immer mal wieder für kurze Zeit in den Raum, verbunden mit einem entsprechenden Kommando. Dort erhält er dann ein Leckerchen oder einen Kauknochen, bevor die Tür geschlossen wird. Nach kurzer Zeit wird er wieder abgeholt. Führen Sie dieses Training konsequent durch, wird der Fellkumpan bald von selber zum Zimmer gehen, schließlich warten dort leckere oder interessante Dinge auf ihn. Nun können Sie das Zimmer auch nutzen, wenn Besuch im Anmarsch ist.

Alternativ kann man auch einen Zimmerkennel (große! Box) nutzen. Auch hierzu muss eine sorgfältige Eingewöhnung erfolgen, damit der Hund die Box als Rückzugsmöglichkeit entspannt akzeptiert. Dazu steht die Box anfangs offen und es werden immer mal wieder Futterbrocken oder auch ein Spielzeug hineingeworfen, was der Hund sich herausnehmen kann. Klappt das gut und der Hund geht problemlos in die Box, kann ein länger zu kauender Snack oder sogar die Futterschüssel hineingestellt und die Box geschlossen werden. Aber Vorsicht: Die Box

Dem noch jungen Hund positiv die Box nahezubringen, ist nie verkehrt. So hat man in jedem Alter und für jede Situation eine gute Rückzugsmöglichkeit.

Das Auto ist ein rollendes Territorium, das gern und vehement verteidigt wird.

nicht öffnen, wenn der Hund gerade protestiert, sondern dann, wenn er ruhig in ihr verharrt. Lieber anfangs die Verschlusszeit noch etwas kürzer halten und nur langsam steigern. Natürlich muss die Box auch für den Hund gemütlich »eingerichtet« sein: kuschelige Decke, Liegematte, Hundebett oder Ähnliches, was der Vierbeiner mag und ihn auch zum Liegen animiert. Auch sollte die Box in ruhiger, gerade von Besuchern nicht ständig frequentierter Umgebung (also nicht z. B. neben der Gästetoilette, alles schon erlebt!) aufgestellt werden.

Das rollende Territorium

Das gezeigte Territorialverhalten hört nicht an der Haustüre auf. Zum Territorium gehört auch das hauseigene Auto. Achten Sie darauf, dass kein Fremder in der unmittelbaren Nähe steht, wenn Sie Ihren Hund aus dem Auto holen. Dies geschieht natürlich **immer** angeleint! Wenn Sie sich den Respekt Ihres Hundes erarbeitet haben, ist es durchaus möglich, dass er in Ihrem Beisein kein Wachverhalten zeigt, auch wenn sich jemand dem Auto nähert. Übung macht den Meister. Verhält sich Ihr Hund neutral bei Annäherung eines Menschen, werfen Sie ihm ein Leckerchen zu. Sie können ihn natürlich auch streicheln und damit zeigen, dass genau dieses Verhalten erwünscht ist. Zeigt er dennoch dauerhaftes Territorialverhalten, benutzen Sie ein eingeübtes (und hoffentlich befolgtes!) Tabuwort und achten darauf, dass der verbellte Mensch sich nicht entfernt. Dies würde nämlich wiederum bedeuten, dass Ihr Hund Erfolg hat. Geschieht dies öfter, so wird es immer schwieriger, dieses unerwünschte Verhalten auszulöschen. Wir würden ja schließlich auch ungerne etwas aufgeben, was zum Erfolg führt.

Es ist immens wichtig, dass der Hundehalter lernt, seinen Hund zu lesen. Aussagen nach einem Beißvorfall wie: »Da war er doch selber schuld, er ist einfach so an mein Auto gekommen!«, sollten der Vergangenheit angehören, wenn man sich die Mühe macht, seinen Hund wirklich gut zu beobachten. Auch bei unseren Sturköpfen kommt es in den seltensten Fällen zu »plötzlichen« Beißattacken. Auch sie zeigen vom anfänglichen Drohen bis hin zum Biss die diversen Kommunikationssequenzen des Aggressionsverhaltens.

Lies Deinen Hund und übe vorausschauend!

Wir wundern uns immer und immer wieder, wie blauäugig Hundehalter mit ihren Vierbeinern umgehen. Und das ist nicht nur bei den Sturkopfhaltern so! Statt vorausschauend zu

Vorausschauen! Nicht nur beliebt bei HSH, sondern auch notwendig in der Anleitung von Sturköpfen.

handeln, wird abgewartet, ob und was der Hund denn nun tut – oder auch nicht. Hunde sind aber leider in ihrem Verhalten sehr direkt und für »Otto Normalverbraucher« auch überraschend und erschreckend schnell.
Beispiel Anspringen: »Och, jetzt hat er doch den Spaziergänger angesprungen! Damit habe ich jetzt gar nicht gerechnet!« Aber man kann natürlich jetzt dem Spaziergänger den Vorwurf machen, dass er ja bestimmt ganz komisch ausgesehen hat, so mit seinem Hut oder dem flatternden Mantel oder beidem. Und überhaupt: Er hätte ja auch einen anderen Weg gehen können! Und wer kennt ihn nicht, den legendären Satz von manch einem Hundehalter: »Das hat er ja noch nie gemacht!« Na ja, beim ersten Mal stimmt die Aussage ja sogar. Aber die Aufgabe des Hundebesitzers ist dann, es wenigstens nicht zu einem zweiten Mal kommen zu lassen.

»Vorausschauend handeln!«, das ist die Devise. Auch wenn man sich nicht sicher ist, ob der Hund jetzt den Menschen anspringt oder nicht, nimmt man dem Vierbeiner direkt einmal die Möglichkeit es zu tun. Voraussetzung dafür ist, dass man sicheren Zugriff auf den Hund hat. Deshalb: Geübt wird zu Beginn an der Leine. Wie das geht? Ganz einfach: Begegnet uns ein Mensch, mit dem wir uns unterhalten möchten, geben wir dem Vierbeiner das Kommando »Sitz« und lassen die Leine fallen. Nun stellen wir uns so darauf, dass die Leine lang genug ist, dass kein Zug auf dem Halsband liegt, gleichzeitig aber so kurz ist, dass ein Hochspringen schon nach wenigen Zentimetern unterbunden wird. Einige Versuche werden dem Hund zeigen, dass sein Handeln nicht mehr von Erfolg gekrönt ist, und er lässt es sein. Die Aufgabe des Hundehalters ist es dann natürlich, den Sturkopf für das alternativ gezeigte, erwünschte Verhalten zu loben. Hier genügt eine freundliche Ansage, Leckerchen heben wir uns für wichtigere Dinge auf.

»Freier Lauf für freie Geister« – nicht ganz ungefährlich

Kommen wir zu einem weiteren Problem in der Sturkopf-Hundehaltung: Der Vierbeiner, womöglich gerade noch in der Pubertät und »eigentlich ja noch ganz klein«, rennt im Freilauf zu fremden Menschen hin. Im günstigen Fall schnuppert er sie ab, im ungünstigen läuft er bellend im Kreis um die zur Salzsäule erstarrten Zweibeiner herum, die natürlich nicht mehr wagen, auch nur einen Schritt weiterzugehen. Das Szenario mag einem ein leichtes Grinsen ins Gesicht zaubern. Aber nur, wenn man den Ernst der Lage nicht erkennt!
Was passiert da konkret? Bei dem »Nur-Abschnupperer« vielleicht, wenn man Glück hat, ein Agieren à la »Ich mache, was ich will.« Bei dem Verbeller mit Sicherheit ein Agieren à la »Ich mache, was ich will, und ich kann dabei Bewegung einschränken.« Ein Zeichen also dafür, dass in dieser Situation der Hund das Sagen übernommen und der in einiger Entfernung stehende, nach Ausreden suchende Besitzer völlig versagt hat. Es ist absolut uninteressant, ob Sie damit rechnen konnten oder nicht, dass Familie Schmitz an diesem sonnigen Tag gerade um diese Uhrzeit dort spazieren gehen würde. Als Halter eines selbständig handlungsbereiten Hundes müssen Sie damit (und mit allem anderen) rechnen, um eben in dieser Situation richtig reagieren zu können!

Ohne Befolgung des Rückrufs ist Freilauf eine heikle Geschichte.

Wenn Ihr Vierbeiner nicht zuverlässig auf Rückruf oder Pfiff – und das gerade auch unter Ablenkung! – reagiert und zu Ihnen zurückkommt (und wenige Sturkopfhunde machen das generell), dann gehört er an die Leine! Punktum! »Der arme Hund!«, hören wir Sie rufen. »Hundi muss doch auch mal frei laufen dürfen!« Natürlich soll er auch mal frei laufen, aber bitte nicht auf Kosten der Allgemeinheit! Wir wollten auch im Alter von 14 mal gerne Autofahren, aber man hat uns, Gott sei Dank, nicht gelassen.

Das Frei-laufen-Lassen ist für den Hundehalter ja so viel einfacher. Der Hund vergnügt sich, und der »mitlaufende« Mensch überlegt, was er denn morgen einkaufen muss, welchen Kuchen er denn backen möchte oder telefoniert. Das kann man sich in einem geringen Maß vielleicht bei einem kooperativen Hund mit »will to please« erlauben. Nicht aber bei zur Selbständigkeit neigenden Freigeistern auf vier Pfoten. Sie fangen an, selbständig ihr Leben zu gestalten. Dies führt zwangsläufig zu Hundeverhaltensweisen, die im Alltag nicht tolerierbar sind. Sei es aus Verselbstständigung, Unter- oder Überforderung.

Kleine Vierbeiner können sich an einer 10-Meter-Schleppleine durchaus ausreichend austoben, wenn auf mögliche Stolperfallen und Gefahrenquellen hinreichend geachtet wird. Bei den XL-Modellen suchen wir uns ein Gelände aus, das weit und übersichtlich ist und wo wir sehen können, ob sich jemand nähert oder nicht. Außerdem jagen die großen Fellkumpane meist ohnehin nur auf Sicht (Ausnahmen bestätigen die Regel), sodass ein Freilauf in einer solchen Umgebung durchaus möglich ist. Das heißt aber nicht: »Leinen los und Tschüss!« Bauen Sie immer mal wieder gemeinsame Aktivitäten ein, sodass der Vierbeiner Interesse hat, in Ihrer Nähe zu bleiben. Bemerken Sie, dass die Aufmerksamkeit nachlässt oder abschweift, wird umgehend wieder für eine Weile angeleint. Manchmal ist es für den Freilauf von Vorteil, wenn Sie auf einen Hundehalter treffen, dessen Hund zuverlässig zurückkommt. Ist Ihr Kumpel noch spielbereit, dann orientiert er sich in den meisten Fällen an seinem Spielpartner und wird ihm folgen. Und schon ist die Rückkehr zu Ihnen kein großes Problem mehr. Empfehlenswert für die ersten Trainingsanfänge ist auch ein eingezäuntes Gelände, auf welchem Sie selbst ruhiger und gelassener sind, da im Falle des Falles nicht der »worst case« eintreten kann.

Eine Schleppleine kann gute Dienste leisten und vielseitig eingesetzt werden.

Sturkopfhunde jagen nicht, Herdenschutzhunde schon gar nicht! Zumindest wird das häufig behauptet. Wir sagen: Vergessen Sie es! Herdenschutzhunde wurden früher selektiert auf nicht gezeigtes Jagdverhalten. Kein Schäfer konnte einen Wachhund brauchen, der mal hinter einem Reh herhetzte und dabei seine zu schützende Herde verlies. Also wurden solche Hunde aussortiert. In der heutigen Zucht wird eher auf Aussehen, Gesundheit, Alltagstauglichkeit (gute Nerven) geachtet. Und aus diesem Grunde findet man quer durch die HSH-Typen begeisterte und begnadete Jäger.

Kann man einem Hund das Jagen abgewöhnen? Gegenfrage: Können Sie einem Hund abgewöhnen, sich fortzupflanzen, wenn er die Gelegenheit dazu hat? Merkwürdigerweise hat jeder Verständnis dafür, dass der Rüde ausbüxt, um sich im übernächsten Ort mit der Auserwählten zu verpaaren. Auch die läufige Hündin, die sich auf einen Kurztrip zum nächsten tollen Freier macht, wird nicht für abnorm gehalten. Nahrungsbeschaffung und Jagd, Selbsterhaltung und Fortpflanzung sind Verhaltensweisen, die dem Hund in die Wiege gelegt wurden.

Das heißt nun nicht, dass man nichts tun kann, um diese angeborenen Verhaltensweisen unter Kontrolle zu bekommen. Läufige Hündinnen und heiratswillige Rüden gehören für die entsprechende Zeit an die Leine. Jagende Hunde ebenfalls. In einem langwierigen, konsequenten

Von wegen: »HSH jagen nicht!« Man sollte besser nicht drauf wetten!

Rückruftraining kann man in vielen Fällen erreichen, dass der Vierbeiner wenigstens, wie schon erwähnt, in übersichtlichen Gebieten frei laufen kann. Auch hier ist es wichtig, die Körpersprache genau zu beobachten, damit ein frühzeitiges Anleinen noch möglich ist. Außerdem wissen die Hundehalter solcher Jäger am besten, wo die Wildwechsel sind, wann die Hasen vor Ort sind und wann und wo die Rehe guten Tag sagen!

Fass mich nicht an!

»Der lässt sich von keinem Fremden anfassen!« Oft sind die Hundehalter stolz auf dieses Verhalten. Der Hund soll ja schließlich unser Schutz sein und um Himmels Willen nicht jeden Dahergelaufenen nett finden. Denken wir aber mal an unseren Alltag. Der Hund sollte, so oft und so viel wie möglich, daran teilnehmen. Es lässt sich einfach nicht ausschließen, dass Menschen den Hund anfassen, ohne Sie zu fragen. Wenn Sie die Möglichkeit haben, die lieben Mitmenschen davon abzuhalten, dann können Sie das energisch tun. Aber es kommt leider immer wieder mal vor, dass z.B. ein Kind auf Ihren Hund zuläuft und ihn streichelt. Klar, darf das Kind dies nicht tun, ohne Sie zu fragen, aber es passiert eben. Wir jedenfalls möchten nicht, dass der Hund dann zuschnappt, das Kind erschrickt oder im schlimmsten Fall verletzt wird. Also müssen wir Hundebesitzer dem vierbeinigen Kumpel vermitteln: »Das kannst du aushalten!«
Beim ersten Kuvasz wurde Angelika Lanzerath von der Züchterin ans Herz gelegt: »Lassen sie ihn von Fremden nicht anfassen, sonst passt er später, wenn er erwachsen wird, nicht auf!« Als Herdenschutzhund- und Sturkopf-Unerfahrene zog sie den Welpen jedes Mal weg, wenn ihn ein Fremder streicheln wollte. Dies hatte zur Folge, dass die Hündin, als sie etwa ein Jahr war, jedem ohne Vorwarnung in die Hand schnappte, der sie anfassen wollte. Eine Tatsache, die, wie schon erwähnt, absolut alltagsuntauglich ist. Beim nächsten Welpen achtete sie darauf, dass er **unter ihrer Aufsicht** gestreichelt wurde, was der auch offensichtlich genoss. Wurde es zu viel, schritt sie ein und bat um Abstand. So wurde es in der Folge mit allen Hunden gehalten, und sie haben kein Problem, wenn sie angefasst werden. Sie vertrauen ihrem Menschen und wissen, dass alles, was in dessen Gegenwart passiert, seine Ordnung hat. Nicht zuletzt sehr wichtig beim Tierarztbesuch!

Wie kann man das nun üben, wenn man einen erwachsenen Hund übernimmt? Hier kann man gut über Futter arbeiten. Zuerst wird mit vertrauten Personen geübt, die seitlich beim Hund stehen und ihn sehr kurz am Rücken streicheln. Die Betonung liegt hier auf **sehr kurz!** Im gleichen Augenblick bekommt der Vierbeiner vom Besitzer ein Leckerchen. Der Schwierigkeitsgrad wird dann insofern gesteigert, dass es immer unbekanntere Personen sind. Hierbei muss natürlich darauf geachtet werden, dass der Fellkumpan kein Abwehrschnappen zeigt. Geschieht das, hat man einfach die Schwierigkeitsstufe zu schnell gewechselt. Dann beginnt man da, wo es noch ruhig und gelassen geklappt hat. Und natürlich sollte nicht zusätzlich zur Aversion gegen Fremde auch noch eine Futteraggression bestehen, was ein derartiges Training zusätzlich erschwert bis unmöglich macht.

Manche Hunde brauchen einfach eine größere Individualdistanz als andere.

Aber natürlich gibt es auch Hunde, die bei noch so gutem Training nicht bereit sind, engeren Körperkontakt zuzulassen. Das sollten Sie dann akzeptieren. Gerade bei Vierbeinern, die im älteren Lebensabschnitt übernommen wurden, fehlt oft das Urvertrauen, das ein gut aufgezogener Welpe dem Menschen gegenüber zeigt bzw. zeigen kann. Hier heißt es dann Management, um den Hund nicht in eine Situation zu bringen, die ihn eventuell sogar zu einem Angriff verleitet. Um »Unfälle« zu vermeiden, und dem Hundehalter unnötigen Stress zu nehmen, raten wir zur Gewöhnung an einen gut sitzenden Maulkorb. Die Tatsache, dass der vierbeinige Begleiter kein Unheil anrichten kann, entspannt den Menschen, und er kann die Souveränität zeigen, die in solchen Stresssituationen notwendig ist.

Denken Sie bitte auch daran, dass mit zunehmendem Erwachsenwerden viele unserer Sturköpfe eine größere Individualdistanz brauchen. Was das ist? Ganz einfach, das ist die Distanz, die der Hund aushält, ohne reagieren zu müssen. Also probieren Sie aus, wie weit Sie Abstand halten müssen, damit Ihr Fellkumpan noch ansprechbar ist. Dann wird mit ihm ein Alternativverhalten eingeübt, z. B. ein »Guck mal«.

Im Laufe des Übens kann dann in vielen Fällen eine alltagstaugliche Distanz erreicht werden.

»Der muss aber lernen, eng an anderen Hunden (manchmal auch Menschen oder beidem) vorbeizugehen!« Ein Satz, den wir immer wieder hören müssen. Wenn Sie dieser grundsätzlichen Ansicht sind, dann wenden Sie sich doch besser einem »Will to please«-Hund zu, der hat in den meisten Fällen damit keine Probleme.

Auch unsere Dickköpfe kuscheln durchaus und lassen sich auch gerne streicheln. Nur nicht unbedingt immer und von jedem.

Wer hat (mir) was zu sagen?

Ein großes Problem bei der Haltung und Erziehung von Sturköpfen ist, dass sie sich vom Menschen nichts sagen lassen wollen! Das wurde schon erwähnt? Das wissen wir, aber es kann nicht oft genug wiederholt werden. Als Hundeerzieher und Berater von Menschen im Umgang mit ihren Vierbeinern versuchen wir – soweit es möglich ist – die Ursachen für problematische Verhaltensweisen zu finden. Es gibt keinen pauschalen Grund, aber häufig liegt es daran, dass der Mensch sich (oft ohne es zu bemerken) manipulieren lässt. Und darin sind unsere Sturköpfe Weltmeister!

Hundi kommt zu Frauchen (das Frauchen reagiert aus Sicht des Hundes schneller und besser mit Zuwendung) und legt ihm, verbunden mit einem unwiderstehlichen Augenaufschlag, den Kopf auf den Schoß. Das Aufnehmen von Sozialkontakt ist ja durchaus völlig in Ordnung. Aber: Der Mensch muss und sollte nicht jedes Mal darauf eingehen. Ohne Regel und Regelmäßigkeit knuddelt er mal seinen Vierbeiner, schickt ihn weg oder ignoriert das »Angebot«. Wie er, der Mensch, es gerade mag! Das ist ein ganz wichtiger Punkt in der Mensch-Hund-Beziehung: Die Entscheidungen treffen wir, nicht unser Hund. Und gerade bei Hunden, die gerne mal oder oft (oder immer!) ihre Leute ignorieren, schafft dieses Einfordern von Distanz die Grundlage dafür, dass wir Menschen für den Vierbeiner wieder interessant werden. Von jemandem, den man nach Lust und Laune manipulieren kann, lässt man sich in wichtigen Situationen schließlich auch nichts sagen!

Vorsicht Manipulation

Der vierbeinige Kumpan läuft zur Terrassentür und schaut sich zu Ihnen um. Dieser Blick führt in vielen Familien dazu, dass sofort einer aufsteht, um dem Hund die Türe zu öffnen. »Er muss bestimmt mal raus!« Meist aber eben auch nicht, und schon steht die Fellnase wieder von außen vor der Türe, um wieder ins gemütliche Haus gelassen zu werden. Natürlich wird ihm sofort geöffnet, weil er ja jetzt wieder rein will.

Er will dies, er will das – und wir Menschen sind diejenigen, die sich bewusst oder unbewusst manipulieren lassen. Aber gerade bei unseren Sturköpfen führt das zu noch mehr Desinteresse am Menschen. Was dann im weiteren Verlauf zu wirklichen Problemen führen kann, ist das, dass der Vierbeiner sich immer mehr Privilegien erkämpft, die er dann eventuell massiver durchzusetzen versucht, wenn sie ihm verweigert werden. Ein kleines Beispiel dafür: Wir haben überhaupt nichts dagegen einzuwenden, dass Hunde auf der Couch liegen, kuscheln sich unsere doch auch gerne darauf zurecht, um gemütlich zu schlafen oder mit uns eng zusammen zu sein. Aber wir – und auch Sie sollten das tun – verlangen immer mal wieder, dass die Vierbeiner auf Anordnung, ohne

Mucken dieses gemütliche Lager verlassen. Außerdem verweigern wir hin und wieder das Aufs-Sofa-Springen. Einfach so und ohne Grund und wahllos. Dieses Vorrecht, Privilegien zu erlauben oder eben nicht zu erlauben, steht dem Souverän in der Beziehung zu. Jetzt mag der eine oder andere anführen, dass man doch gehört hat: Einmal verboten ist immer verboten und erlaubt ist immer erlaubt. Sicherlich gibt es grundsätzliche Verbote (z. B. in das Haus zu urinieren und zu koten oder die Oma in den Po zu zwicken), aber es gibt eben auch situative, temporäre Verbote, die derjenige verwaltet, der das Sagen hat! Dieses wahllose Durchsetzen von Interessen kann man unter Hunden sehr gut beobachten.

Dass ein Hund nicht vor dem Besitzer durch die Türe gehen darf, vermitteln uns die Medien und diverse »Startrainer«. Sehen wir es einmal realistisch. Wenn direkt vor der eigenen Türe der Bürgersteig verläuft, geht man selbstverständlich vor dem Hund hinaus, damit man Konfrontationen mit ahnungslos vorbeigehenden Leuten vermeidet. Ist diese Gefahr nicht gegeben und der Vierbeiner geht an lockerer Leine vor, dann ist das kein Problem. Haben Sie aber einen Zeitgenossen, der wüst in der Leine hängt, Sie auch noch zur Seite schubst, um sich durch den Ausgang zu quetschen, dann ist das schlicht und ergreifend frech und unerzogen, und da sind eben mal wieder die erzieherischen Qualitäten des Menschen gefragt. Was tun? Ganz einfach: Sie halten

Hunde durchschauen den Menschen immer, umgekehrt klappt das nicht so gut.

die Leine ganz locker (ja wirklich locker) und machen die Türe einen kleinen Spalt auf. Sofort wird der Versuch gestartet, die Hundenase durchzustecken, worauf Sie die Türe wieder schließen (bitte aufpassen auf die Nase). Das wiederholen Sie so lange, bis der Hund eine Reaktion zeigt. Es kann sein, dass er einen Schritt zurück macht oder Sie anschaut. Das ist genau der Zeitpunkt, an dem Sie die Türe wieder öffnen. Machen Sie einen Schritt vor den Hund und gehen Sie gelassen raus.

Keine Sorge, Ihr Hund strebt nicht nach der Weltherrschaft, aber er testet in vielen Alltagssituationen aus, wie Sie reagieren. Vermitteln Sie ihm in Ruhe, aber deutlich, dass Sie das, was Sie sagen, auch ernst meinen und durchsetzen. Bleibt er z. B. wie auf dem Boden festgenagelt liegen, trotz Ihrer Aufforderung, aus dem Wege zu gehen, dann schubsen Sie ihn mit dem Fuß an. Gerne können Sie ihn dann, wenn er aus dem Weg gegangen ist, mit der Stimme loben. Bleiben Sie in Ihrem Handeln konsequent, so wird der Vierbeiner freiwillig und zügig (na ja, etwas behäbig) den Weg freigeben.
Überprüfen Sie einmal Ihren Alltag. Wann fordert der Hund etwas von Ihnen? Und wann

Bitte nicht auf jede Aufforderung des Hundes eingehen!

Von »zermürbten Zweibeiner-Seelen« mit »sturen Vierbeiner-Köpfen«

Spiele können durchaus recht rau und derb vonstattengehen. Doch sollten die vermeintlich Spielenden gut beobachtet werden, ob alles wirklich noch Spiel oder doch schon eher Mobbing ist.

reagieren Sie darauf? Machen Sie sich zur Regel, nicht auf jede Forderung einzugehen. Sie werden erstaunt sein, wie häufig Sie unbewusst vom Hund manipuliert werden!

Frechheit siegt ... – bitte nicht

Frech werden, ja das können unsere Sturköpfe! Vor allem im Junghundealter testen sie ihre Grenzen oft recht ruppig aus. Da wird gerempelt, angesprungen oder auch gekniffen, dass es blaue Flecken gibt (letzteres aber nur dann, wenn Rambo nicht von Anfang an den Respekt vor dem Menschen gelernt hat!). Auch im Spiel mit anderen Fellkumpeln fällt der derbe Umgang auf. Das ist auch erst einmal völlig normal, dennoch muss der Mensch gegebenenfalls regelnd eingreifen. Freuen Sie sich bitte nicht darüber, wenn Ihr Sturkopf im Hundespiel mal wieder »gewonnen« und wie immer alles untergebuttert hat. Sobald dieser nämlich merkt, dass er über körperliche Überlegenheit verfügt, wird er nur noch darauf aus sein, als Sieger aus dem »Spiel« hervorzugehen. Außerdem sucht er sich dann nur noch »Opfer« aus, bei denen er sicher sein kann, dass er der Stärkere sein wird. So schlau ist Ihr Hund nicht? Doch mit Sicherheit ist er das! Unterschätzen Sie ihn da bitte nicht, sondern managen Sie solche Situationen, indem Sie den Vierbeiner an die Leine nehmen und er nicht die Möglichkeit hat, nun vollends »größenwahnsinnig« zu werden.

Das Sturkopf-Erziehungsbuch

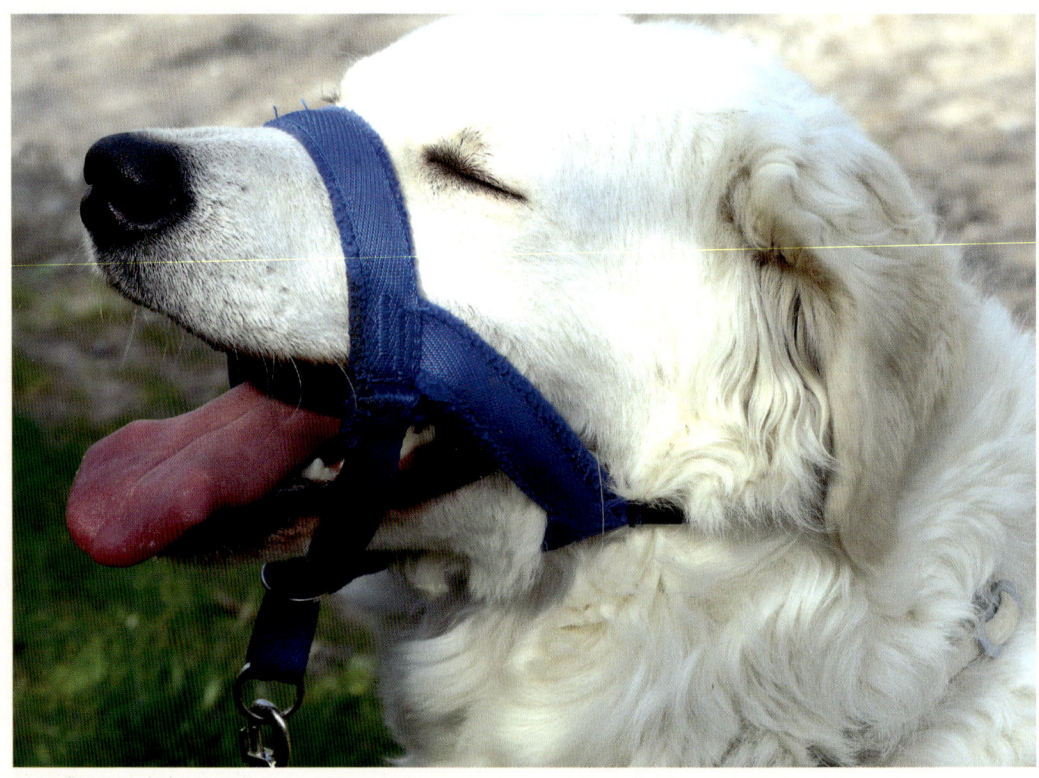

Ein Halti kann verhindern, dass Sturköpfe ihre Kraft und Masse gegen den Menschen ausspielen.

Bei respektlosem Verhalten dem Menschen gegenüber hilft vorübergehend sehr gut das Kopfhalfter »Halti«, um den Hund auf den Boden der Tatsachen zurückzuholen. Der Vierbeiner registriert sehr schnell, wenn Sie ihm körperlich nicht gewachsen sind. Eine sehr ungünstige Erfahrung! An der Leine, ausgestattet mit dem Kopfhalfter, können Sie ihn regulieren und kontrollieren – und schnell wird er in seinem Übermut gebremst.

Bei den Sturköpfen neigen etliche Rüden zu Machogehabe. Theater an der Leine ist aus diesem Grunde ein Verhalten, das häufig zu sehen ist. Bis zum Eintreten der Pubertät verträglich mit Hinz und Kunz, wird nun bei Hundebegegnungen mit gleichgeschlechtlichen Vertretern gepöbelt, was das Zeug hält! Peinlich, weil man sich als Besitzer dieses Verhalten nicht erklären kann! Man fällt auf, wird schief angeschaut und mit Bemerkungen bedacht wie: »Den haben Sie wohl nicht im Griff?« (stimmt ja auch, und das macht nur noch wütender) oder »Sie sollten mal in eine Hundeschule gehen!« Na ja, aber da war man doch von Anfang an, und jetzt so was!

Nicht nur Artgenossen gegenüber können Hunde ganz schön rüpelig und frech agieren! Bei den Beiden hier stimmt die Mensch-Hund-Beziehung und beide haben Spaß am ausgelassenen Spiel.

Wenn wir uns mal genau anschauen, was bei Hundebegegnungen passiert, dann stellt man fest, dass das gezeigte Pöbelverhalten immer von Erfolg gekrönt ist. Schließlich geht der verbellte und angeknurrte Hund weiter. Also hat der Pöbler ihn vertrieben! Bingo! Weitermachen! Warum soll Ihr Vierbeiner eine Handlung aufgeben, die ihm immer wieder Erfolg bringt?! Auch kann unbewusstes Belohnen durch die Besitzer das Verhalten verstärken. Völlig überrascht beim ersten Mal, streichelt man dem Hund »beruhigend« über den Kopf und erklärt ihm dann, dass das doch der liebe Hasso ist, der immer so toll mit ihm gespielt hat. Oder, weil der Hundehalter völlig fassungslos ist, passiert gar nichts. Die Grundlagen für den permanenten Leinenrambo sind gelegt!

Bestechen/Belohnen

»Mein Hund ist nicht bestechlich, er nimmt keine Leckerchen!« Wir bestechen unsere Hunde nicht, sondern wir belohnen sie für erwünschtes Verhalten. Dies ist dann wiederum Motivation, das Verhalten öfter zu zeigen. Belohnung ist alles, was der Vierbeiner als positiv empfindet. Ein Leckerli können Sie sehr schnell einsetzen, den Clicker z.B. bei richtigem Gebrauch auch. Sollte Ihr Fellkumpan zu den »Leckerchen-Verweigerern« gehören, so überprüfen Sie einmal, ob er eventuell sein Futter immer zur freien Verfügung hat. Oder ob sein Futter einfach zu hochwertig ist. Oder ob Ihr Hund einfach dauersatt und (etwas) zu dick ist und auf zusätzliche Futtergaben aus diesem Grunde verzichten kann!

Ob Sie mit Leckerchen arbeiten wollen oder nicht, das ist natürlich ganz und gar Ihre

Ob man Futter zum Bestätigen und als »Goodie« einsetzen möchte oder nicht, muss jeder für sich selbst entscheiden. Der Hund hat in den seltensten Fällen etwas dagegen.

Entscheidung. Falls ja und Ihr Hund ist grundsätzlich futterinteressiert und -motiviert, können Sie auch einfach die Alltagsportion seines Futters um ein Drittel kürzen. Dieses Drittel geben Sie dann, wenn erwünschtes Verhalten gezeigt wird. Es kann durchaus sein, dass Ihr Vierbeiner zwei, drei Tage trotzdem das Futterangebot im Training nicht annimmt. Doch irgendwann sind der Hunger und das Interesse groß genug, damit Sie über dies Art der positiven Verstärkung mit ihm »arbeiten« können. Bleiben Sie bitte auch in den wenigen »Hungertagen« (es ist ja nur ein Drittel das fehlt!) mindestens so stur wie Ihr Hund! Nimmt er trotz der Maßnahmen in der einen oder anderen

Übungssituation kein Futter, dann verweigert er es, weil das Stresslevel einfach zu hoch ist. Gehen Sie ein wenig aus der Situation heraus, evtl. auch ein, zwei Trainingsschritte zurück, bevor Sie die Übung erneut durchführen.

Grundsätzliche Tipps für die Erziehung von Sturköpfen

1. Geben Sie nur dann ein Kommando, wenn der Hund auch in der Lage ist, es zu befolgen. Gerade bei Junghunden, die schnell abgelenkt sind, ist es wenig effektiv, sie zuzutexten, obwohl man genau sieht, dass der Vierbeiner gerade die Krähen auf dem Feld viel interessanter findet.
2. Geben Sie ein Kommando nur dann, wenn Sie auch einen Plan haben, wie Sie es durchsetzen, wenn der Fellkumpan es nicht befolgt. Bei der Suche nach einem für jede Situation passenden Plan, kann Ihnen vermutlich nicht einmal eine erfahrene Hundeschule helfen. Dennoch macht ein Austausch und das Üben in der Gruppe oder auch allein unter kompetenter Anleitung Spaß und führt zu neuen Einsichten.

Wenn auf Durchzug geschaltet wird, muss Plan B her!

Erziehung macht Arbeit, soll aber allen Beteiligten auch Spaß machen!

3. Geben Sie ein Kommando nur dann, wenn Sie selbst »gut drauf« sind und die erforderliche Geduld zum Üben haben. Wenn das nicht so ist, gehen Sie einfach spazieren. Ungeduld führt zu Überreaktionen, die der Hund nicht verstehen kann, und die, wenn es ganz schiefläuft, Vertrauen zerstören. Training aus Pflichtbewusstsein und nach Zeitplan funktioniert eben nicht.
4. Den Ausruf: »Der muss immer alles machen, wenn ich es will!«, lassen Sie bitte ungehört verhallen. Wir dressieren Hunde nicht (schon gar keine Sturköpfe), sondern erziehen sie zu alltagstauglichen Begleitern. Und dabei gilt es wie so oft im Leben: Weniger ist mehr.

Sie werden erfahren, dass Ihr Hund, wenn er so geführt und angeleitet wird, im Laufe der Zeit gut und immer besser auf Sie reagiert.

Abschließend möchten wir noch anmerken, dass das Zusammenleben mit einem Vierbeiner Freude macht und Freude machen soll. Auch die Erziehung gehört dazu. Sie macht zwar am Anfang recht viel »Arbeit«, aber es lohnt sich. Und es führt dazu, dass Sie auch mit einem Sturkopfhund so entspannt wie möglich durchs Leben gehen können.

Von »zermürbten Zweibeiner-Seelen« mit »sturen Vierbeiner-Köpfen«

Fallbeispiel 1

Baràt (ungarisch »Freund«) war ein einjähriger Kuvaszrüde, der in einer netten Familie wohnte. Man hatte ihn mit acht Wochen vom Züchter übernommen. An Hundeerfahrung fehlte es Familie F. völlig, aber man war fest davon überzeugt, die notwendigen Kenntnisse zu haben, um Baràt zu einem freundlichen Begleiter werden zu lassen. Eine Hundeschule wurde nicht besucht, war ja auch nicht nötig, weil man doch die Bücher X und Y gelesen hatte und auch immer aufmerksam Fernseh schaute. Das kleine, weiße Fellknäuel wurde von allen geliebt, seinen schwarzen Augen konnte niemand widerstehen. Bei dem Versuch, dem Hund irgendwelche Alltagsregeln zu vermitteln, stieß die Mutter auf wenig Verständnis. Baràt war doch noch so klein! Und den Teppich, den er fachgerecht zerlegte, wollte man sowieso auf den Sperrmüll bringen. Nach kurzer Zeit meldete sich der erste Besuch an. Klar, schließlich musste man den kleinen Kerl doch mal kennenlernen. Beim Schellen lief der Welpe in den dämmrigen, engen Flur und knurrte. Die Haustüre ging auf und Baràt verbellte die Menschen, die

Aus Klein wird Groß! Perfekt, wenn die ganze Familie das im Auge hat, und so toll im Team zusammenarbeitet, wie hier.

Achten Sie bitte beim Kauf eines Brustgeschirrs darauf, dass es den Hund nicht daran hindert, seine Schulter nach vorne zu bewegen. Das Geschirr dieses Hundes sitzt deshalb ungünstig, was evtl. dem rasanten Wachstum zu schulden ist.

nun auf ihn zukamen. Der Kleine wich knurrend zurück und ließ sich nicht anfassen. Mit stolzem Unterton in der Stimme meinte der Hausherr dann erklärend: »Das ist eben ein Herdenschutzhund, die sind so, die haben einen ausgeprägten Wachtrieb und mögen keine fremden Menschen!«

Der kleine Kerl wuchs sehr schnell. Mit sechs Monaten hatte er eine Schulterhöhe von knapp 70 cm und brachte 40 Kilo auf die Waage. In der Zwischenzeit zeigte er nun Verhaltensweisen, die sich die Familie gar nicht erklären konnte. Hatte er einen Knochen, durfte keiner in seine Nähe. Um den Hund nicht zu »verärgern«, wählte man den Umweg durch Küche und Wohnzimmer, um nicht an ihm vorbeigehen zu müssen. Oft lag Baràt auch im Weg. Der Versuch, ihn zum Aufstehen zu bewegen, endete damit, dass er tief knurrend seinen Unmut äußerte. Quetschten sich die Familienmitglieder an ihm vorbei, konnte es vorkommen, und das passierte immer häufiger, dass er in ihre Richtung schnappte. Ein Ereignis, das später erzählt wurde: Der Vater war in die Küche gegangen, um ein Glas zu holen. Kam aber nicht wieder. Als die Mutter nachsehen ging, stand Baràt vor dem Vater, der sich auf die Anrichte geflüchtet hatte, und ließ ihn nicht mehr raus. Die Mutter lenkte den Rüden dann mit Leckerchen weg und in den Garten.

Zu weiteren Vorkommnissen war es wohl nicht gekommen (oder man hatte sie verschwiegen), als Familie F. besucht wurde. Vom nun mittlerweile einjährigen Jungspund wurde Angelika Lanzerath überraschend freundlich empfangen. Er ließ sich streicheln und begleitete sie in den Garten. Dort setzte sie sich hin und knuddelte Baràt, der neben ihr stand, hinter den Ohren. Sie fühlte erhebliche Verfilzungen, sodass sie – aus alter Gewohnheit heraus – diese auseinanderzupfte, bis alle beseitigt waren. Die Gesichter der Familie waren erstarrt. Oh Gott, da war sie vielleicht in ein Fettnäpfchen getreten? Fühlten die Besitzer sich ertappt, weil ihr Hund ungepflegt war? Weit gefehlt. Der Vater sagte fassungslos: »Das hat er sich von uns noch nie gefallen lassen!«

Angelika Lanzerath versuchte dann, einige Tipps zu geben, aber zu einem regelmäßigen Erziehungstraining waren Baràts Besitzer nicht bereit. Das wäre ja alles nicht so schlimm, sie würden mit dem Vierbeiner auch weiterhin bestimmt zurechtkommen. Während sich Angelika Lanzerath verabschiedete Baràt auf eine Decke vor den Kamin. Der Vater marschierte flott auf ihn zu, um ihn am Halsband von der Decke zu ziehen. In diesem Augenblick griff der Rüde so heftig an, dass dem Hausherrn nur noch die Flucht in den Garten übrigblieb. »Du weißt doch, dass er das nicht mag!« Die Aussage des Sohnes machte Angelika Lanzerath endgültig sprachlos. Als sie dann weiter zum Ausgang strebte, wurde sogar noch kurz angemerkt: »Jetzt sind wir mal gespannt, ob er sie rauslässt!« Und wirklich: Baràt lief vor ihr zur Türe und stellte sich frontal gegenüber. Mit Entschlossenheit ging sie auf ihn zu und hatte ihm so offensichtlich klar vermittelt, dass sie jetzt nach Hause wollte und nicht beabsichtigte, sich zum Hausherren in den Garten zu gesellen. Baràt ging ohne irgendeinen Kommentar zur Seite und ließ Angelika Lanzerath raus.

Leider ein ganz typisches Beispiel für einen Hund, der regellos aufwächst, dem in für ihn nicht zu bewältigenden Stresssituationen nicht geholfen wird (Situation Besuch, wo der Kleine Unsicherheit und kein Wachverhalten zeigte), und der dann im weiteren Verlauf sein Leben selbst in die Pfote genommen hat.

Klarheit, Geduld und Souveränität sollte der Besitzer eines Sturkopfes besitzen.

Fallbeispiel 2

Natürlich hieß er Waldi, ein vier Jahre alter, nicht kastrierter Rauhaardackelrüde. Waldi wurde mit zweieinhalb Jahren von seiner neuen Familie übernommen. Er war im Tierheim gelandet, weil seine Vorbesitzer nicht mehr mit ihm fertig wurden. Der Dackel war mit drei kleinen Kindern aufgewachsen und hatte im Laufe der Zeit alle Familienmitglieder gebissen. Eine Hundeschule hatte man nicht besucht, weil dafür die Zeit einfach fehlte. Schließlich gingen die Kinder vor. Waldi war ja so niedlich, als er als Welpe ins Haus kam. Die Kinder waren hellauf begeistert und stritten sich sogar darum, wer mit ihm spielen durfte. Sie »konnten wirklich alles mit ihm machen«, und die Eltern schauten zufrieden auf das Szenario der mit dem Vierbeiner tollenden Sprösslinge.

Waldi war immer wieder unsauber und kam eigentlich nicht so richtig zur Ruhe. Das aber, so glaubten die neuen Besitzer, war das Temperament! Hin und wieder hörte man den Rüden knurren, wenn die Kinder es einfach zu toll trieben. Das wurde ihm aber von den Eltern sofort untersagt. Mit fünf Monaten schnappe der Dackel das erste Mal zu. Allgemeines Entsetzen!

Im Laufe der nächsten Monate passierte es immer wieder, bis schließlich alle Familienmitglieder betroffen waren. Immer, wenn es Waldi zu viel wurde, wehrte er sich auf Hundeart. Je mehr er für seine Attacken bestraft wurde, umso heftiger wurden die Angriffe. Zum Schutz der Kinder gab man ihn dann ins Tierheim.

Noch immer wird zu viel, zu schnell, zu früh kastriert, wenn bestimmte unerwünschte Verhaltensweisen auftreten. Doch die vermeintliche Allheilmethode schafft oft zusätzliche Probleme.

Dort sah ihn Familie S., die sich sofort in den süßen Kerl verliebte. Die Tierheimleitung wies darauf hin, dass Waldi mehrfach zugebissen hatte. Aber Familie S. hatte Hundeerfahrung und keine kleinen Kinder. Mit viel Liebe würde man das Zusammenleben schon geregelt bekommen. Waldi aber war da ganz anderer Ansicht. Schon am zweiten Tag in der neuen Umgebung packte er in die Hand, die ihn liebevoll streicheln wollte. Die neuen Besitzer waren »enttäuscht«, weil man dem kleinen Kerl doch nur Gutes tun wollte. Gingen sie in Richtung Körbchen, wurden sie aufs Heftigste angegiftet. Fraß Waldi, konnte sich keiner in seine Nähe trauen, er biss sofort zu.
Ein befreundeter Tierarzt riet zur Kastration. Aber auch danach veränderte sich das Verhalten des Hundes nicht. Da Kastration lediglich das Verhalten, das wirklich Testosteron gesteuert ist, beeinflussen kann (aber nicht muss), war sie völlig überflüssig.

In dem, nun auf Hilfe hoffend, aufgesuchten Hundeverein, wurde den Besitzern plakativ geraten, sich mal konsequent durchzusetzen und bei der nächsten Attacke den Rüden nach sogenannter »Alphamanier« auf den Rücken zu werfen. Gesagt, getan – und - oh, Wunder! - der nächste, heftige Angriff folgte! Durchaus schweren Herzens gab man Waldi zurück ins Tierheim.

Nach längerem Aufenthalt dort fand Waldi endlich zu Menschen, die ihn verstanden. Er wurde in Ruhe gelassen, wenn er fraß. Lag er im Körbchen, drängte man sich ihm nicht auf. Man legte ihm Fährten, damit er seiner Veranlagung nach beschäftigt war. Clickertraining machte ihm eine Heidenfreude, und ihm Laufe der Zeit begann er seinen neuen Leuten zu vertrauen. Mittlerweile ist der Rüde ein betagter Herr und genießt das Leben in seiner neuen Familie. Vorfälle gab es keine mehr.

Fallbeispiel 3

Die Besitzer von Emma kamen völlig verzweifelt in die Hundeschule. Die große, offensichtliche Bordeauxdoggen-Mischlingshündin machte einen freundlichen, absolut gelassenen Eindruck. Im Gegensatz zu Herrchen und Frauchen schien sie so leicht nichts zu erschüttern. Auf das Kommando »Platz« legte sich Emma langsam, ja schon zeitlupenartig hin und blieb an dieser Stelle stoisch liegen, bis das Beratungsgespräch beendet war. Toller Hund! Im Laufe der Unterhaltung kristallisierte sich heraus, warum Familie B. ratlos war. Zu Hause klappte die Ausführung der Anordnungen recht gut, aber draußen überhaupt nicht. Die letzte Geschichte war dann wohl das Tüpfelchen auf dem i. Sie waren mit Emma in der Stadt unterwegs. Nach einem kleinen Einkauf wollten sie mit der Hündin ins Eiscafé. Frauchen ging noch schnell ins Schuhgeschäft (das dauert ja bei uns Frauen dann oft etwas länger). Als Herrchen merkte, dass seine Frau nun doch etwas länger fortbleiben würde, gab er Emma das Kommando »Platz«.

English Bulldog - sanfte Kolosse mit sehr dicken Köpfen.

Als Reaktion schaute die Hündin intensiv gen Himmel. Herr B. wurde energischer, bestimmt hatte Emma ihn nicht verstanden. Aber auch der zweite Versuch schlug kläglich fehl. Er führte lediglich dazu, dass Emma sich mit dem verlängerten Rücken zum Herrchen drehte. Herr B. wurde sauer! Die Stimme laut erhoben, den Hund in seine Richtung ziehend, schnauzte er die Hündin an. Mittlerweile waren ein paar Passanten stehen geblieben und sahen dem Schauspiel zu. Das hatte natürlich auch Herr B. registriert. Am liebsten wäre er wohl jetzt im Boden versunken. Der Anraunzer führte dann auch nicht dazu, dass sich Emma hinlegte. Weit gefehlt! Sie drehte sich soweit es möglich war vom aufgeregten Herrchen weg, strafte ihn mit Nichtbeachtung und fing an, höchstinteressiert auf der Straße zu schnuppern. So richtig nach dem Motto: »Reg' du dich erst einmal wieder ab!«

Herr B. hatte den Hund einfach nicht verstanden. Emma war stark abgelenkt, weil Frauchen nicht da war. Außerdem ging sie selten mit in die Stadt und musste nun erst einmal die ganzen neuen Eindrücke verarbeiten. Die Hündin wäre ohne Probleme neben Herrn B. stehen geblieben, und das auch für längere Zeit. Warum also vom Hund etwas verlangen, was er in diesem Augenblick nicht in der Lage ist zu tun? Das führt nämlich bei unseren Sturköpfen dazu, dass sie mit stoischer Ruhe dem Besitzer zeigen, dass sie zurzeit an einer Zusammenarbeit nicht interessiert sind. Und mit Aufregung, Hektik und Laut-Werden erreicht man beim Sturkopf eben genau das Gegenteil von dem, was man erreichen will!

Der Rat in solch einem Fall ist, seine Ansprüche eben dem Hund anzupassen. Sturköpfe »funktionieren« nicht wie die schon erwähnten »Will to please«-Hunde. Der Rat war nun, sich zu freuen, einen so gelassenen Vierbeiner sein Eigen nennen zu dürfen, und die Stadtsituation erst einmal stufenweise zu üben. Mit viel Geduld und nicht gebetsmühlenartig wiederholten Übungen klappt es dann nämlich auch mit einem Sturkopf!

Das Sturkopf-Erziehungsbuch

Epilog

Wir haben dieses Buch geschrieben, um anderen Sturkopfbesitzern eine kleine Hilfestellung zu geben. Mittlerweile begleiten uns »Dickköpfe« (im Fell von Kuvasz und Slovenský Čuvač) mehrere Jahrzehnte, und wir haben zu Beginn viele, viele Fehler gemacht. Falsche Erwartungen, zu hohe Ansprüche, fehlende oder ungenügende Toleranz führten zu Frustration und Enttäuschung! Der Vorgängerhund war doch ganz anders, bei dem hat alles viel besser geklappt!

Zuerst einmal mussten wir lernen, nicht zu vergleichen. Das ist nicht nur bei Kindern unfair, sondern bei unseren vierbeinigen Begleitern ebenso. Wirkliche Informationen über das Zusammenleben mit einem sturen Herdenschutzhund gab es damals quasi gar nicht; Erziehung wurde noch anders angesehen und meist auch anders durchgeführt.

Es dauerte eine Weile, bis wir begriffen hatten, dass bei Sturköpfen ein anderer Umgang erforderlich ist. Ein Umgang mit Verständnis für die Persönlichkeit dieser tollen Vierbeiner, aber auch – und gerade! – mit Regeln und Konsequenzen. Wie Sturkopfhunde nun einmal so sind, sie haben unsere anfänglichen (und zwischendurch gelegentlich noch vorkommenden) Erziehungsfehler mit stoischer Ruhe ertragen, dafür danken wir ihnen allen!

DANKSAGUNG

Und da wir gerade beim DANKE sind: Herzlichen Dank an alle Facebookler und Hundevereine, die uns mit Bildern für dieses Buch unterstützt haben. Eure Kooperation ist nicht selbstverständlich und deshalb besonders bemerkenswert!

Danke auch an alle bestellten Statisten, ohne Euch geht es einfach nicht.

Und das letzte Danke samt Streicheleinheit geht natürlich wieder an unsere eigenen Vierbeiner, die geduldig unsere produktiven Phasen verschlafen, um danach frisch gestärkt und hochmotiviert ihre dicken Köpfe durchzusetzen versuchen.

Quellen

Ann-Sophie Griebel:
Clicker-Training (Die Hundeschule)
Verlag Müller Rüschlikon, Stuttgart, 2009

Petra Krivy
Herdenschutzhunde
Kosmos Verlag, Stuttgart, 2014 (2. Auflage)

Petra Krivy / Udo Gansloßer
Verhaltensbiologie für Hundehalter – Das Praxisbuch
Kosmos Verlag, Stuttgart, 2011

Petra Krivy / Udo Gansloßer
Ein guter Start ins Hundeleben: Der verhaltensbiologische Ratgeber für Züchter und Welpenbesitzer
Verlag Müller Rüschlikon, Stuttgart, 2014

Petra Krivy / Angelika Lanzerath:
Hunde verstehen (Die Hundeschule)
Verlag Müller Rüschlikon, Stuttgart, 2010

Petra Krivy / Angelika Lanzerath:
Familienhunde gut erzogen: Der Ratgeber für jeden Hundehalter
Verlag Müller Rüschlikon, Stuttgart, 2013

Petra Krivy / Angelika Lanzerath:
Mein Hund im Flegelalter (Die Hundeschule)
Verlag Müller Rüschlikon, Stuttgart, 2011

Petra Krivy / Angelika Lanzerath:
Einfach gut erzogen (Die Hundeschule)
Verlag Müller Rüschlikon, Stuttgart, 2016
(2. Auflage)

Petra Krivy / Angelika Lanzerath:
Beschäftigungsideen für den Familienhund – DVD
Dogtale Movies, Bad Münstereifel, 2015

Tipps

https://www.dasgehirn.info/entdecken/kommunikation-der-zellen/neurotransmitter-2013-botenmolekuele-im-gehirn-5880/

http://www.sueddeutsche.de/wissen/pubertaet-grossbaustelle-gehirn-1.1833081

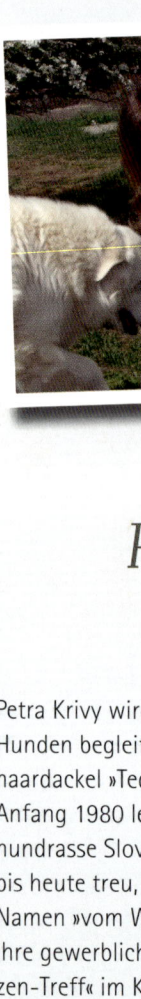

Petra Krivy & Angelika Lanzerath

Petra Krivy wird seit Kindheitsbeinen an von Hunden begleitet, vom reinrassigen Langhaardackel »Teddy« über diverse Mischlinge. Anfang 1980 lernte sie die slowakische Hirtenhundrasse Slovenský Čuvač kennen. Ihr blieb sie bis heute treu, züchtet sie seit 1989 unter dem Namen »vom Wolfshorn«. 1999 begründete sie ihre gewerblich geführte Hundeschule »Tatzen-Treff« im Kreis Olpe, wo sie auch als externe Sachverständige für öffentliche Stellen fungiert. Sie schreibt Fachartikel, ist Buchautorin, gefragte Referentin und Spezialzuchtrichterin im VDH. Als Hundetrainerin widmet sie sich schwerpunktmäßig der Mensch-Hund-Beziehung, leistet Hilfestellung beim Umgang mit verhaltensauffälligen Hunden und gilt seit Jahrzehnten als Expertin für Herdenschutzhunde. www.tatzen-treff.de

Angelika Lanzerath lebte schon als Kind mit Hunden zusammen. Heute sind es immer mehrere Kuvasz-Hündinnen, die sie begleiten. Nach langer Zusammenarbeit mit Günther Bloch übernahm sie 2002 die Hunde-Farm »Eifel«-Abteilung »Erziehung«. Seit 2016 führt sie ihre eigene Hundeschule unter dem Namen »Hundeschule Angelika Lanzerath«. Sie ist anerkannte Sachverständige und sieht sich als Dolmetscherin zwischen Mensch und Hund. Unzähligen Mensch-Hund-Teams, vor allem mit verhaltensauffälligen Vierbeinern, konnte sie schon Hilfestellung geben. Sie ist Buchautorin und hält bundesweit Seminare und Vorträge zu Themen rund um den Hund.
www.hundeschule-angelika-lanzerath.de

Unsere Erfolgsreihen
auf einen Blick ...

DIE REITSCHULE (AUSWAHL)
Urte Biallas, **Bodenarbeitskurs**, ISBN 978-3-275-02053-9
Kerstin Diacont, **Dressur für Fortgeschrittene**, ISBN 978-3-275-01749-2
Marlit Hoffmann, **Reiterrallyes – Reiterspiele**, ISBN 978-3-275-01850-5
Petra Dürr/Carola Steen, **Kaltblutpferde reiten**, ISBN 978-3-275-01939-7
Hannelore Leiser, **Voltigieren für Einsteiger**, ISBN 978-3-275-01856-7
Angelika Schmelzer, **Pferde erziehen**, ISBN 978-3-275-01709-6
Angelika Schmelzer, **Reiten im Gelände**, ISBN 978-3-275-01748-5
Sabine Schweickert, **Fahren für Einsteiger**, ISBN 978-3-275-02079-9
Viviane Theby, **So lernen Pferde**, ISBN 978-3-275-02081-2
Jutta Plötz, **Islandpferde**, ISBN 978-3-275-02052-2
Karen Uecker, **Der Reitbegleithund**, ISBN 978-3-275-01969-4
Sigrid Weppelmann, **Basispass Pferdekunde**, ISBN 978-3-275-01750-8

DIE HUNDESCHULE (AUSWAHL)
Annegret Bangert, **Begleithundprüfung**, ISBN 978-3-275-01779-9
Ann-Sophie Griebel, Alexandra Hoffmann, **Futter gibt's nur von mir**, ISBN 978-3-275-02074-4
Micaela Köppel, **Spiel und Spaß für jeden Tag**, ISBN 978-3-275-01732-4
Petra Krivy/Angelika Lanzerath, **Darf der das?**, ISBN 978-3-275-01835-2
Petra Krivy/Angelika Lanzerath, **Alte Hunde**, ISBN 978-3-275-02036-2
Petra Krivy/Angelika Lanzerath, **Was ein Welpe lernen muss**, ISBN 978-3-275-01689-1
Petra Krivy/Angelika Lanzerath, **Einfach gut erzogen**, ISBN 978-3-275-02082-9
Uta Reichenbach/Gabriele Lehari, **Sinnvolle Beschäftigung**, ISBN 978-3-275-01929-8
Monika Schaal/Ursula Breuer, **Gastfreundlich**, ISBN 978-3-275-01862-8
Andrea Schmidt/Gunter Mattes, **Flyball**, ISBN 978-3-275-01912-0
Beate Schwarz, **Dummy-Training**, ISBN 978-3-275-01690-7
Manuela van Schewick, **Apportieren mit Spaß**, ISBN 978-3-275-01754-6
Manuela van Schewick, **Kind trifft Hund**, ISBN 978-3-275-01979-3
Karen Uecker, **Hunde spielend motivieren**, ISBN 978-3-275-01998-4

HAPPY CATS (AUSWAHL)
Sylvia Born, **Katzenkinderstube**, ISBN 978-3-275-01864-2
Nina Ernst, **Zufriedene Stubentiger**, ISBN 978-3-275-01760-7
Gabriele Müller, **Miau – Katzensprache richtig deuten**, ISBN 978-3-275-01782-9
Gabriele Müller, **Katzenspiele**, ISBN 978-3-275-01811-6
Annette Thomée, **Gesunde Katze**, ISBN 978-3-275-01839-0

Jedes Buch mit 96 Seiten
ca. 80 Abb., broschiert
je € 9,95 | €(A) 10,30

Unsere **Bücher** für Hundefans

Petra Krivy/Angelika Lanzerath
Darf der das?
ISBN 978-3-275-01835-2

Petra Krivy/Angelika Lanzerath
So geht's nicht weiter
ISBN 978-3-275-02083-6

Petra Krivy/Angelika Lanzerath
Was ein Welpe lernen muss
ISBN 978-3-275-0689-1

Petra Krivy/Angelika Lanzerath
Einfach gut erzogen
ISBN 978-3-275-02082-9

Petra Krivy/Angelika Lanzerath
Alte Hunde
ISBN 978-3-275-02036-2

Jedes Buch mit 96 Seiten
ca. 80 Abb., broschiert
je € 9,95 | €(A) 10,30

Stand August 2017
Änderungen in Preis und
Lieferfähigkeit vorbehalten.

Überall, wo es Bücher gibt oder
www.mueller-rueschlikon.de
Service-Hotline: 0711-78 992 151